全国优秀教材
二等奖

马克思主义理论研究和建设工程重点教材

硕士研究生思想政治理论课教学大纲

自然辩证法概论

（2018年版）

本书编写组

高等教育出版社·北京

图书在版编目（CIP）数据

自然辩证法概论：2018年版/《自然辩证法概论》编写组编. --北京：高等教育出版社，2018.8（2024.7重印）
ISBN 978-7-04-050158-2

Ⅰ.①自… Ⅱ.①自… Ⅲ.①自然辩证法-研究生-教材 Ⅳ.①N031

中国版本图书馆 CIP 数据核字（2018）第171359号

策划编辑 曹培庚　　责任编辑 曹培庚　　封面设计 张 楠　　版式设计 于 婕
责任校对 高 歌　　责任印制 刘思涵

出版发行 高等教育出版社
社　　址 北京市西城区德外大街4号
邮政编码 100120
印　　刷 高教社(天津)印务有限公司
开　　本 787mm×960mm 1/16
印　　张 13.5
字　　数 120千字
购书热线 010-58581118
咨询电话 400-810-0598

网　　址 http://www.hep.edu.cn
　　　　 http://www.hep.com.cn
网上订购 http://www.hepmall.com.cn
　　　　 http://www.hepmall.com
　　　　 http://www.hepmall.cn
版　　次 2018年8月第1版
印　　次 2024年7月第19次印刷
定　　价 19.00元

物 料 号 50158-A0

马克思主义理论研究和建设工程重点教材

《自然辩证法概论》教学大纲编写课题组

首席专家 郭贵春　殷　杰

主要成员（以姓氏笔画为序）

肖显静　吴　彤　张明国　陈　凡　陈红兵

编写说明

“自然辩证法概论”是高校硕士生思想政治理论课选修课程。主要进行马克思主义自然观、科学技术观、科学技术方法论教育，帮助学生了解自然界发展和科学技术发展的一般规律，理解科学技术在社会发展中的作用，认识中国马克思主义科学技术观与创新型国家和世界科技强国建设的重大意义，培养学生的创新精神和创新能力。

本教学大纲注意吸收以往教材编写的经验，突破原有的“自然辩证法”与“科学技术哲学”相混淆的状况，强调思想性和知识性的统一，突出马克思主义自然辩证法理论的教育，充分体现党的理论创新成果，充分体现中国马克思主义科学技术观的历史进程和理论精髓。

本教学大纲注意兼顾不同学科学生特点，力求普遍适用。各高校在遵循教学基本要求的同时，可根据学生特点有针对性地开展教学。

本课程为 1 学分，18 课时。

目　录

绪　论

自然辩证法是马克思主义的重要组成部分，它以马克思主义的理论、观点与方法为指导，基于社会历史条件和时代任务要求，考察自然界、科学技术及其与社会的相互关系，形成了马克思主义的自然观、科学技术观、科学技术方法论、科学技术社会论，以及自然辩证法中国化发展的最新形态中国马克思主义科学技术观。它是马克思主义关于自然和科学技术发展的一般规律、人类认识和改造自然的一般方法以及科学技术与人类社会相互作用的一般原理的学说。

一、自然辩证法的学科性质

自然辩证法是一门自然科学、社会科学与思维科学相交叉的哲学性质的马克思主义理论学科。它站在世界观、认识论和方法论的高度，从整体上研究和考察包括天然自然和人工自然在内的自然的存在和演化的规律，以及人通过科学技术活动认识自然和改造自然的普遍规律；研究作为中介的科学技术的性质、发展规律和方法论；研究科学技术和人类社会之间相互关系的规律。自然辩证法具有综合性、交叉性和哲理性的特点。

自然辩证法明显区别于自然科学和技术的各门具体学科。它是从具体科学技术认识上升到马克思主义普遍原理的一个中间环节，是联结马克思主义与科学技术的重要纽带。

自然辩证法不断从突飞猛进的科学技术发展中吸收营养，也不断批判地吸收各个相关学科的优秀成果。与自然辩证法邻近的学科有自然哲学、科学技术哲学、科学技术史、科学学、科学社会学等，它们具有不同的学科性质和定位，但在研究领域、方法和目标等方面相互联系和交叉，自然辩证法构成了这些有关科学技术研究的思想理论基础。

自然辩证法与中国科学技术哲学具有更为紧密的关系和渊源。中国的科学技术哲学源于自然辩证法并在学科建制上具有先后的承继关系，两者都以科学技术为研究对象和内容。在实际的教学和研究中，自然辩证法的范围更加广泛，其自然观、科学技术观和科学技术方法论具有鲜明的哲学特征，而科学技术社会论则蕴含着丰富的马克思主义政治经济学和科学社会主义的思想内容，其价值旨归是马克思主义，是马克思主义思想政治教育下的公共课程，具有鲜明的意识形态属性和功能。中国科学技术哲学则较自然辩证法窄小，主要涉及自然科学和技术的认识论、方法论等，研究范围包括但不限于西方意义上的科学哲学与技术哲学，它考察的是科学技术的性质、规律、功能及与社会的互动并进行哲学的分析把握，按照科学的原则客观做出哲学审视，其哲学学科的专业属性更为突出且派别立场更趋淡化。无论是自然辩证法还是中国科学技术哲学，它们都是在马克思主义指导下、紧密结合我国社会发展的理论与实践展开的，正是在这一点上，它们与西方的科学哲学和技术哲学存在着原则性的区别。

二、自然辩证法的研究内容

自然辩证法，是一个完整的科学学说体系。马克思主义自然观、马克思主义科学技术观、马克思主义科学技术方法论和马克思主义科学技术社会论，构成了自然辩证法的重要理论基石。中国马克思主义科学技术观，是中国马克思主义者基于对自然、科学技术及其方法、科学技术与社会等的认识，结合现代科学技术的发展实践，概括和总结出来的关于科学技术思想的一般规律和原理，是自然辩证法中国化发展的最新形态和理论实践。

马克思主义自然观是自然辩证法的重要理论基础。朴素唯物主义自然观、机械唯物主义自然观是马克思主义自然观形成的思想渊源，辩证唯物主义自然观是自然观的高级形态，是马克思主义自然观的核心。系统自然观、人工自然观和生态自然观是马克思主义自然观的当代形态。

马克思主义科学技术观在总结马克思、恩格斯科学技术思想的历史形成和基本内容的基础上，分析科学技术的本质特征和体系结构，揭示科学技术的发展模式和动力，进而概括科学技术及其发展规律。它是马克思主义关于科学技术的本体论和认识论，是马克思主义科学技术论的重要组成部分。

马克思主义科学技术方法论从辩证唯物主义立场出发，体现问题意识与问题导向，总结出分析和综合、归纳和演绎、从抽象到具体、历史和逻辑的统一等辩证思维形式，并且吸取具体科学技术研究中的创新思维方法和数学与系统思维方法等基本方法，对其进行概括和升华，形成具有普遍指导意义的方法论。马克思主义科学技术方法论体现和贯彻在科学家、工程师的具体科学技术研究中，是马克思主义科学技术论的重要组成部分。

马克思主义科学技术社会论是从马克思主义的立场、观点出发，探讨社会中科学技术的运行规律，以及科学技术的社会功能、科学技术的社会治理等的普遍规律。主要涉及有关科学技术的社会经济发展、异化、伦理、社会运行、文化等方面的观点和内容，是马克思主义科学技术论的重要组成部分。

中国马克思主义科学技术观，是毛泽东思想、邓小平理论、“三个代表”重要思想、科学发展观、习近平新时代中国特色社会主义思想中的科学技术思想的概括和总结，主要包括科学技术的创新观、人才观、发展观等基本内容，体现出时代性、实践性、科学性、创新性、自主性、人本性等特征。中国马克思主义科学技术观，是马克思主义科学技术观与中国具体科学技术实践相结合的产物，是马克思主义科学技术论的重要组成部分。

自然辩证法的理论体系是统一的，研究内容是开放的，随着科学技术的进步将不断丰富和发展。

三、自然辩证法的历史发展

自然辩证法创立于19世纪70年代，它是马克思、恩格斯为适应当时无产阶级斗争和自然科学发展的新成果的需要，在概括和总结19世纪自然科学发展的最新成果，批判分析德国古典哲学、形而上学思维方式并汲取辩证法的合理思想，综合当时哲学、政治经济学和科学社会主义学说理论成就的基础上创立的。

自然辩证法形成之前，人类曾以自然哲学的形式，形成对自然自发的唯物主义和朴素的辩证法的理解。早期关于自然的思考，具有浓厚的直观、思辨和猜测的性质。近代初期科学发展形成了以力学为模式解释宇宙、世界的机械自然观，虽然其本质是唯物论的，但具有机械决定论和形而上学的特征。

马克思、恩格斯克服了朴素唯物主义自然观和机械唯物主义自然观的缺陷，考察和研究了科学技术发展及其与自然、社会的关系和规律，形成了关于科学技术及其与自然、社会相互作用和普遍发展的学说，创立了自然辩证法。恩格斯的《自然辩证法》是该学说的集中体现，1925年，苏联将恩格斯的这部生前未完成的手稿首次结集出版。《自然辩证法》对于那个时代的自然科学成果进行了哲学的概括，第一次系统地阐述了辩证唯物主义自然观。列宁在《唯物主义和经验批判主义》等著作中及时总结和概括自然科学的崭新成果，为自然辩证法的发展做出了新的贡献。

中国在自然辩证法的传播和发展上做出了重要的贡献。自然辩证法在中国的传播和发展，是同马克思主义在中国的传播和发展相伴随的。自然辩证法与中国现代化建设的社会实践和生活相结合，成为中国马克思主义思想运动和推进科学技术现代化、实施科教兴国、可持续发展战略和生态文明建设、增强自主创新能力、实施创新驱动发展战略、建设创新型国家和新时代中国特色社会主义事业的一部分，中国自然辩证法突出了其研究传统和价值取向，强化了自然辩证法的意识形态特征和理论教育功能，形成了系统的自然辩证法理论体系。

四、自然辩证法的新时代意义

中国马克思主义科学技术观是自然辩证法中国化发展的最新形态，是中国共产党人集体智慧的结晶，是毛泽东思想、邓小平理论、“三个代表”重要思想、科学发展观、习近平新时代中国特色社会主义思想中的科学技术思想的概括和总结，是科学技术思想的理论升华和飞跃，是科学技术思想的凝练和精髓。

毛泽东将马克思、恩格斯的科学技术思想与中国具体实践相结合，强调中国社会主义建设要重视科学技术工作，提出了向科学进军的号召，开创了马克思主义科学技术观中国化的理论先河。

邓小平理论、“三个代表”重要思想和科学发展观中的科学技术观是改革开放新时期，中国共产党领导全国人民向现代科学技术进军和进行社会主义现代化建设的行动纲领，邓小平提出“科学技术是第一生产力”的重要思想。江泽民提出并实施科教兴国战略，全面落实科学技术是第一生产力的思想。胡锦涛提出了提升自主创新能力和建设创新型国家的重要战略。改革开放新时期的中国马克思主义科学技术观充分反映了中国马克思主义对科学技术发展规律认识的不断深化，为中国马克思主义科学技术观的发展做出了重大贡献。

习近平以马克思主义理论为指导，继承和发展了毛泽东思想、邓小平理论、“三个代表”重要思想和科学发展观中的科学技术思想，为了实现中华民族的伟大复兴的中国梦，在全面建成小康社会的决胜阶段，提出了一系列关于科学技术发展的理论观点，形成了习近平新时代中国特色社会主义思想中的科学技术观，这是继毛泽东思想、邓小平理论、“三个代表”重要思想和科学发展观中的科学技术观之后的又一伟大创造，具有与时俱进性和创新性；是中国马克思主义科学技术观的最新成果，具有一脉相承性；是建立在国内外科学技术发展的实践基础之上，并随着科学技术实践的发展而日趋完备，具有实践性；是为把我国建设成为世界科技强国，为实现中华民族伟大复兴而奋斗的行动指南，具有继往开来性。

在中国特色社会主义进入新时代的历史条件下，自然辩证法的学科属性、研究内容和思想特质，使得它对于提高马克思主义理论水平、坚定马克思主义理想信念，提高运用马克思主义基本原理和方法全面、系统和辩证地认识人与自然关系、科学技术发展规律以及科学技术的社会功能具有重要意义；对于培育创新思维和创新能力，服务中国建设创新型国家和世界科技强国，推进实施创新驱动发展战略，最终服务于新时代中国特色社会主义现代化强国建设，服务于中华民族伟大复兴中国梦的实现具有重要意义。

第一章　马克思主义自然观

自然观是人们在实践中形成的关于自然界及其与人类关系的总的观点，它是人们认识和改造自然界的本体论基础和方法论前提。自然观在发展历程中，始终存在着唯物主义和唯心主义、辩证法和形而上学等论争并推动其发展，经历了朴素唯物主义和自发的辩证法的自然观、机械唯物主义和形而上学的自然观以及辩证唯物主义自然观等阶段。① 辩证唯物主义自然观是马克思和恩格斯依据科学技术成果创建的关于自然界及其与人类关系的总的观点，它具有科学性、革命性、与时俱进等特点，标志着马克思主义自然观的形成。

马克思主义自然观和科学技术发展相一致，并随着科学技术的发展而改变自己的形式。因此，马克思主义自然观还包括马克思和恩格斯的后继者们通过继承、创新和发展形成的自然观。在当代，中国自然辩证法工作者们继承辩证唯物主义自然观，依据系统科学、生态科学等科学技术成果，创建了系统自然观、人工

---

① “辩证法和形而上学是从属于唯物主义和唯心主义的”（肖前：《马克思主义哲学原理》，中国人民大学出版社 1993 年版，第 23 页），因此，在后文中，将其分别简称为朴素唯物主义自然观、机械唯物主义自然观、辩证唯物主义自然观。

自然观和生态自然观等新自然观形态，构建了中国马克思主义自然观，丰富和发展了马克思主义自然观。

马克思主义自然观是自然辩证法的重要理论基础。学习马克思主义自然观，有助于理解和掌握马克思主义生态文明观，“坚定不移贯彻新发展理念”,① 推进绿色发展，促进生态文明建设，建设美丽中国。

第一节　马克思主义自然观的形成

马克思、恩格斯批判地吸收古代朴素唯物主义自然观和近代机械唯物主义自然观，并依据科学技术成果创建了辩证唯物主义自然观。它标志着马克思主义自然观的形成。

一、朴素唯物主义自然观

朴素唯物主义自然观的全称是朴素唯物主义和自发辩证法的自然观。它是古代自然哲学家们以社会生产、科学技术为基础形成的关于自然界及其与人类关系的总的观点。它是马克思主义自然观形成的最初思想渊源。

① 《习近平谈治国理政》第 2 卷，外文出版社 2017 年版，第 60 页。

（一）朴素唯物主义自然观的观点

朴素唯物主义自然观的主要观点是：自然界的本原是某一种物质（例如，水、火等）或某几种物质（例如，金木水火土）或某种抽象的东西（例如，道、理等）；自然界不是静止不变的，而是运动变化的，它“处于永恒的产生和消灭中，处于不断的流动中，处于无休止的运动和变化中”①；生物是进化的，并在其中分化出了人。

朴素唯物主义自然观在不同国家得到具体体现。例如，古印度人认为，自然界来源于原初物质（“极微”）。古阿拉伯人主张，自然界由物质、形态、运动、时间、空间等构成；它在时间上是无限的，但在空间上是有限的。古罗马人认为，自然界存在着一种普遍法则；人体由原子和虚空构成。古巴比伦人和古埃及人都主张宇宙是有限、有形和封闭的，且又是以人类为中心的世界体系。古希腊人主张宇宙是无限的、永恒变化和存在的世界体系。

古代中国人和古希腊人依据其自然哲学成果创立了内容丰富、自成体系、独具一格的自然观，成为朴素唯物主义自然观的典型代表。

1. 古代中国朴素唯物主义自然观的主要观点。（1）自然是

---

① 《马克思恩格斯全集》第 20 卷，人民出版社 1971 年版，第 370 页。

指事物自己的状态，并以此肯定其存在的价值；它要求从事物内部寻找其存在的依据，并从事物自身肯定其如此存在的合理性。（2）元气、“五行”等物质是自然界的本原。（3）自然界的生成和发展来自于物质的矛盾运动。（4）自然界是物质、运动、时间和空间的统一。（5）人类运用“阴阳”“五行”和“气”等哲学思想和归纳、抽象等方法认识自然界；人类利用自然规律改造自然界。（6）人来源于自然界；人和自然界的关系是“天人合一”。

2. 古希腊朴素唯物主义自然观的主要观点。（1）自然是事物运动和变化的本原，是决定事物运动和变化并赋予其特定秩序的内在原因，是自然物（包括人类）的本性，是它们运动变化的原因和依据的原则。（2）自然界的本原存在于“某种具有固定形体的东西中”① 或“某种特殊的东西中”②。（3）自然界在其内部各要素间的矛盾作用下，无限和永恒地变化和发展着。（4）宇宙是有形的、有限的和运动的；生物是进化的，并在其中分化出了人。（5）人类通过归纳和演绎等方法认识自然界。

3. 古代中国和古希腊朴素唯物主义自然观的比较。（1）在认识“自然”的概念方面，古代中国人理解的“自己如此”和古希腊人理解的本原、本性有相通之处。古代中国人以“无为”

---

① 《马克思恩格斯文集》第 9 卷，人民出版社 2009 年版，第 429 页。
② 《马克思恩格斯文集》第 9 卷，人民出版社 2009 年版，第 431 页。

对待“自然”，未能从作为内在性的“自然”开辟出外在性的“自然物”的存在领域，也未孕育出自然科学；古希腊人却通过与人造物对比，从内在性“自然”开辟出外在性的“自然物”的存在领域，从而孕育出了自然科学。(2) 在认识自然界的本原方面，它们都持有一元论或多元论的观点。(3) 在认识自然界的方法方面，中国人善于运用直觉、顿悟等方法，多采取名言隽语、比喻论证等形式；希腊人善于运用归纳、演绎等方法，多采用论辩、推理和证明等方式。(4) 在认识人类与自然界的关系方面，它们都主张人类来源于自然界。

(二) 朴素唯物主义自然观的特征

朴素唯物主义自然观在认识的角度、认识的方法、认识的目的、认识的程度等方面体现出以下若干基本特征。

1. 整体性和直观性。自然哲学家们把自然界作为一个整体进行直观的考察，没有在细节方面进行科学的研究。例如，古希腊人在对存在者（自然物）状态形成了两大直观性判断：一是“一切皆变、无物常住”（赫拉克利特语，意思是存在者处在变化和运动中），二是“存在者存在，不存在者不存在”（巴门尼德语，意思是运动变化的存在者不值得信任，信任的是不变者）。这种直观性判断来自于他们对作为存在者的依据）—“自然”—的领悟。

2. 思辨性和臆测性。自然哲学家们通过思辨研究万物本源等问题，通过猜测填补因直观考察而出现的知识空白。例如，古代中国的“五行”说（以土与金木水火杂，以成百物）、元气说（万物由元气构成），古希腊的原子论（万物由原子构成）和“四元素”说（万物由土、水、气、火构成）等都体现出思辨性和臆测性的特征。

3. 自发性和不彻底性。古代自然哲学家们凭借其追求真理的优秀品质，追究自然及自然界的存在及其规律，但在认识上仍不成熟。其主要体现在：第一，朴素的唯物主义和辩证法“缺乏有机的结合”，“有的朴素辩证法比较突出，朴素唯物主义较弱；也有时情况相反”①；对自然界的描述和解释“只限定于一定范围，而且也是很不完备，很不彻底的”②。例如，《老子》《易传》有辩证法而缺少唯物主义，《孙子兵法》和《黄帝内经》有朴素的辩证法，也有朴素的唯物主义，但它们不是对世界总体的辩证法的说明。第二，在认识人类社会时，还夹杂着神秘主义因素。例如，泰勒斯的“水本原说”（水是万物的本原）和阿那克萨戈拉的“种子说”（“种子”是万物的本原）中就包含着神、灵魂的因素。

（三）朴素唯物主义自然观的渊源

朴素唯物主义自然观的思想渊源是原始宗教神话自然观。它

---

① 任继愈:《中国哲学史》第1册，人民出版社1979年版，第29页。
② 任继愈:《中国哲学史》第1册，人民出版社1979年版，第30页。

是在社会生产力极不发达的背景下，人们借助于幻想试图说明、解释进而征服自然界而形成的。

1. 宗教神话自然观的观点。（1）自然物都是有生命的、有活动能力的东西（“物活论”），自然界是神从原始混沌中创造出来的（“神创论”），灵魂脱离肉体独立存在（“灵魂不死说”）。（2）把某种自然物（图腾）看成是自己的祖先（“图腾崇拜说”）。（3）神话某些造福于民的英雄人物，如“羿射十日”“夸父逐日”“精卫填海”等，予以颂扬和传承，以此满足征服自然界的愿望。

2. 宗教神话自然观的作用。（1）它虽然含有狭隘愚昧的成分，但是，它能“通过追溯事物的本源来解释事物是其所是的原因”① 的思想方式，影响着朴素唯物主义自然观的形成，使得后来的哲学家们“从自然方面的因素来考虑”事物的本原，通过“以一种自然现象来解释另一种自然现象”② 追溯自然界的本原。（2）虽然带有宗教迷信的色彩，但它尝试探索自然界的统一性，从而可能诱发出科学思想的萌芽。从这个意义上说，宗教神话自然观是“人类科学思维的萌芽，也是理论科学的萌芽”；

---

① 唐纳德·帕尔玛：《西方哲学导论》，杨洋、曹洪泽译，上海社会科学院出版社2011年版，第9页。

② 唐纳德·帕尔玛：《西方哲学导论》，杨洋、曹洪泽译，上海社会科学院出版社2011年版，第9、7页。

“理论科学从某种意义上说，是从原始的宗教、神话中萌发出来的。”①例如，列宁曾指出，毕达哥拉斯学派的灵魂观念是“科学思维的胚芽同宗教、神话之类幻想的一种联系”②。

（四）朴素唯物主义自然观的基础

朴素唯物主义自然观的理论基础是自然哲学。它是在奴隶社会出现脑力劳动和体力劳动分工和阶级分化的社会背景下产生出来的。

1. 自然哲学的概念。自然哲学是近代自然科学的前身，它是指从哲学的角度，依靠经验和观察等方法，思考自然界而形成的哲学思想，它包括自然观、人生观等内容。古代的自然哲学既包括哲学又包括自然科学，是哲学和自然科学相互融合形成的一种整体知识形态。古代中国的《诗经》《山海经》《易经》《墨经》《吕氏春秋》《黄帝内经》等，古希腊的《论自然》《宇宙大系统》《物理学》等是古代自然哲学的代表著作。

2. 自然哲学的作用。它冲破原始宗教神话世界观的桎梏，动摇了原始宗教神话世界观的基础。它主张通过经验观察和理性思辨，发现自然的秩序和原因；认识自然界要通过感性认识和理性认识阶段，并运用归纳、类比和假说以及演绎推理等方法，为

---

① 陈美东：《简明中国科学技术史话》，中国青年出版社 1990 年版，第 37 页。

② 《列宁全集》第 55 卷，人民出版社 2017 年版，第 211 页。

朴素唯物主义自然观奠定了认识论和方法论基础。

（五）朴素唯物主义自然观的作用

朴素唯物主义自然观的作用主要表现在：它成为马克思等经典作家创立自然观和方法论的思想渊源，成为道尔顿等近代自然科学家创建科学理论的思想基础，成为当代生态自然观和生态文明观形成的思想渊源。

1. 古代中国朴素唯物主义自然观的作用。（1）老子主张的“反者道之动”（道向相反的方面转化）、相辅相成等思想“对于中华民族影响很大”，① 也成为辩证法思想产生的重要渊源之一。（2）它“强调天人合一、尊重自然”②，主张人与自然界的统一，这与马克思主义自然观相通，成为生态自然观和生态文明观的重要思想渊源之一。（3）以“直觉的概念”为出发点的“形而上学的方法论”，③ 成为科学研究方法论中的非逻辑思维方法的重要思想渊源之一。

2. 古希腊朴素唯物主义自然观的作用。（1）它成为马克思主义自然观形成的思想渊源。马克思吸收伊壁鸠鲁的原子论思想，形成了人对自然界具有能动性作用的思想；恩格斯指出，“在希腊哲学的多种多样的形式中，差不多可以找到以后各种观

---

① 冯友兰：《中国哲学简史》，北京大学出版社 1996 年版，第 17 页。
② 《习近平谈治国理政》第 2 卷，外文出版社 2017 年版，第 530 页。
③ 冯友兰：《中国哲学简史》，北京大学出版社 1996 年版，第 293 页。

点的胚胎、萌芽”;[①] 列宁称赞赫拉克利特的思想“是对辩证唯物主义原理的绝妙的说明”[②]，称他是“辩证法的奠基人之一”[③]。(2) 它成为近代自然科学发展的历史渊源。亚里士多德创立的以演绎逻辑为核心的形式逻辑体系，成为西方科学发展的基础之一;[④] 阿里斯塔克的“日心说”、德谟克里特的“原子论”和恩培多克勒的“进化论”等成为近代自然科学发展的历史渊源；恩格斯强调，“如果理论自然科学想要追溯自己今天的一般原理发生和发展的历史，它也不得不回到希腊人那里去”。[⑤]

（六）朴素唯物主义自然观的缺陷

朴素唯物主义自然观的缺陷主要体现在：在本体论上，不能彻底坚持唯物主义立场；在认识论上，不能在细节方面科学地解释和说明自然界及其与人类的关系；在价值论上，不能回答民众关心的问题且满足其需要。

1. 不能彻底地坚持唯物主义。(1) 古希腊自然观虽然“具有素朴唯物主义的性质，但是在他们那里已经包藏着后来分裂的种子”[⑥]，即唯心主义因素。例如，泰勒斯的“水本原说”既有

---

① 《马克思恩格斯全集》第 20 卷，人民出版社 1971 年版，第 386 页。
② 《列宁全集》第 55 卷，人民出版社 1990 年版，第 299 页。
③ 《列宁全集》第 55 卷，人民出版社 1990 年版，第 296 页。
④ 参见《爱因斯坦文集》第 1 卷，商务印书馆 1977 年版，第 574 页。
⑤ 《马克思恩格斯全集》第 20 卷，人民出版社 1971 年版，第 386 页。
⑥ 《马克思恩格斯文集》第 9 卷，人民出版社 2009 年版，第 431 页。

唯物主义思想，又有“磁石也有灵魂”① “万事万物都包含着神”② 等唯心主义因素。（2）“中国的朴素唯物主义者在自然观方面坚持了唯物主义，但当他们涉及社会历史的领域时，仍然是唯心主义者。”③ 例如，汉代的王充虽然创立了具有唯物主义性质的“元气论”，但是，他在解释人类社会现象时，提出了人“有死生寿夭之命，亦有贵贱贫富之命”④ 的“宿命论”。

2. 不能满足民众的需要。（1）古希腊早期自然哲学家只探讨纯粹自然界的本原问题，未涉及人类社会，不被民众所理解，难以满足其需要。古希腊中期和晚期的一些自然哲学家虽然探讨人生、幸福等问题，促使哲学伦理化，但他们的观点掺杂着迷信、巫术等因素，也不能满足民众需要。（2）古代中国朴素唯物主义自然观也不被民众所理解，难以满足其需要；一些自然哲学家在解释人类社会现象时，仍坚持唯心主义立场，他们的观点也掺杂着宿命和迷信等因素，仍然不能满足民众的需要。

3. 不能科学地说明自然界。古代中国和古希腊的自然哲学家们仅从总体上凭借其直觉和思辨认识自然界，“这种观点虽然

---

① 《马克思恩格斯文集》第 9 卷，人民出版社 2009 年版，第 431 页。

② 唐纳德 · 帕尔玛：《西方哲学导论》，杨洋、曹洪泽译，上海社会科学院出版社 2011 年版，第 10 页。

③ 任继愈：《中国哲学史》第 1 册，人民出版社 1979 年版，第 26—27 页。

④ 任继愈：《中国哲学史》第 2 册，人民出版社 1979 年版，第 133 页。

正确地把握了现象的总画面的一般性质，却不足以说明构成这幅总画面的各个细节”,① “没有说明运动是怎样发生的”,② 使其观点“带着主观臆测的特征，而没有严格的科学规定”③，也“不够精确，失之笼统、含混，经不起严格的科学分析”，“给了唯心主义以可乘之隙”。④

（七）朴素唯物主义自然观的演变

朴素唯物主义自然观的上述缺陷，使其“开初被神学的自然观所冲击”，经过文艺复兴时期自然观的过渡，“继而为形而上学的自然观所代替”。⑤

1. 中世纪宗教神学自然观。（1）它主张上帝是自然界的本原，地球是宇宙的中心，人类只有信仰上帝才能获得幸福，宣扬唯心主义思想；它通过歪曲篡改和残酷迫害等手段向人们灌输其荒谬思想。（2）它冲击朴素唯物主义自然观的实质是向原始宗教神话自然观的倒退。（3）罗吉尔·培根等人的批判，动摇和瓦解了宗教神学自然观的理论基础，有助于向近代机械唯物主义自然观过渡。

---

① 《马克思恩格斯文集》第 3 卷，人民出版社 2009 年版，第 539 页。
② 恩格斯:《自然辩证法》，人民出版社 2015 年版，第 33 页。
③ 任继愈:《中国哲学史》第 1 册，人民出版社 1979 年版，第 26 页。
④ 任继愈:《中国哲学史》第 1 册，人民出版社 1979 年版，第 29、20 页。
⑤ 《自然辩证法讲义》编写组:《自然辩证法讲义》，人民教育出版社 1979 年版，第 7 页。

2. 文艺复兴时期的自然观。（1）达·芬奇、莎士比亚等人发现了具有尊严、才能和自由的人以及和谐的、能动的、经验的自然界。（2）他们认为自然界是生气勃勃的运动实体，人类可以用数学研究自然界，具有利用和改造自然界的创造力。（3）这些自然观思想批判了中世纪宗教神学自然观，对朴素唯物主义自然观向机械唯物主义自然观的发展起到促进作用。

二、机械唯物主义自然观

机械唯物主义自然观是16—18世纪的自然科学家和哲学家们根据牛顿经典力学等自然科学成果，概括和总结自然界及其与人类的关系形成的机械唯物主义和形而上学的自然观。它是马克思主义自然观形成的重要思想渊源。

（一）机械唯物主义自然观的观点

机械唯物主义自然观的主要观点。（1）自然界由物质构成，物质由不可再分的微粒构成。（2）自然界具有绝对不变性，自然物和时间、空间都是不变的。（3）自然界的物质运动是受外力作用的、遵循因果规律的机械运动，宇宙的过程可以用简单的数学方程式表示。（4）自然界受到上帝的“目的性”支配。（5）以形而上学的思维方式认识自然界，即它先把整体分割为若干孤立的部分要素进行研究，再把这些部分合为一体；它是与辩证法相对立的，是用孤立、静止的观点观察世界的思维方式；

这种思维方式在研究方法方面超过古希腊，但在自然观方面却低于古希腊。(6) 人与自然界都是机器，并且是分立的。

(二) 机械唯物主义自然观的特征

机械唯物主义自然观的特征主要体现在：在认识自然界及其物质运动方面表现出机械性和目的性，在批判宗教神学和信仰上帝方面表现出不彻底性，在思维方式方面表现出形而上学性。(1) 机械性。把自然界的所有运动都看成是机械运动，“质的一切差异和变化都可以归结为量的差异和变化”。① (2) 不彻底性。既承认自然界的物质性，又主张自然界具有绝对不变性，物质运动来自上帝的“第一推动”等。(3) 形而上学性。用孤立、静止的观点解释自然界，“最终却归到造物主创造整个自然界的唯心主义营垒里”。②

(三) 机械唯物主义自然观的渊源

机械唯物主义自然观的思想渊源可以追溯到古希腊。“在这里，也存在着它胜过它以后的一切形而上学敌手的优点”，也“差不多可以找到以后各种观点的胚胎、萌芽”③。普罗泰戈拉提出“人是万物的尺度”，开启关注人及人类本身的先河；亚里士

① 《马克思恩格斯文集》第9卷，人民出版社2009年版，第509页。
② 《自然辩证法讲义》编写组：《自然辩证法讲义》，人民教育出版社1979年版，第17页。
③ 《马克思恩格斯全集》第20卷，人民出版社1971年版，第385、386页。

多德提出“一切动物应当都可以供给人类使用”，也开启了关注人及人类存在价值的先河。

机械唯物主义自然观的思想渊源具体体现在：（1）毕达哥拉斯的“数本原论”把事物的性质归结为数的规定性。（2）德谟克里特等人的“原子论”主张万物通过原子间的碰撞运动生成出来。（3）阿里斯塔克等人的“地动说”认为地球自转并围绕太阳旋转。（4）亚里士多德的“位移运动说”认为事物受外力作用产生位移，天体在“第一推动者”的作用下进行圆周运动。

（四）机械唯物主义自然观的基础

1. 机械唯物主义自然观的科学基础。机械唯物主义自然观形成的科学基础主要是经典力学理论。（1）自然界由不可再分的粒子构成。（2）物体不受外力作用将处于静止或匀速直线运动状态，物体运动的速度变化与其外力成正比，物体间的相互作用力大小相等且方向相反。（3）物体间的引力大小与其质量成正比而与其间的距离的平方成反比。（4）物体运动只有速度和位置的变化而无质量变化。（5）时间和空间是绝对的，它不依赖于物质而存在。

2. 机械唯物主义自然观的技术基础。（1）工厂手工业替代家庭手工业促进了生产技术的改进和分工、协作的发展，促进了资本主义生产的发展，为机械唯物主义自然观的形成奠定了物质基础。（2）钟表、望远镜和显微镜等技术的发展和中国的火药、指南针和印刷术等技术的传入，推动了欧洲的社会革命，促进了实验科学和数学的发展，为机械唯物主义自然观的形成奠定了实践基础。

（五）机械唯物主义自然观的作用

机械唯物主义自然观的作用主要体现在：它在思想方面挑战权威偏见，冲破传统羁绊；在方法论方面重视经验与实验，深化对自然界的研究，为辩证唯物主义自然观的形成创造了条件。同时，它的不彻底性也决定了其作用具有过渡性。

1. 为辩证唯物主义自然观的形成创造了条件。它以近代自然科学为基础，强调自然界存在的客观性、物质性和发展的规律性，冲破了中世纪神学自然观的羁绊，传承了朴素唯物主义自然观的思想传统。

2. 为辩证唯物主义自然观的形成提供了前提。它以近代自然科学为基础，培植了求实和崇尚理性的科学精神；它促进对自然界的认识从注重神学教义到注重经验事实、从注重思辨和想象到注重观察实验和数学推理、从注重把宗教作为判定认识标准到注重把实践作为判定认识标准的转变；它强调通过观察实验和分析等科学方法分门别类地研究自然界。

3. 为辩证唯物主义自然观的形成起到了过渡作用。它既具有革命的不彻底性，又具有经验实证性；它既继承了古代和中世纪哲学的思辨传统，又具有改造和控制自然界的实践精神；它既在具体研究自然界方面高于古希腊，又在自然观方面低于古希腊。它的上述两重性来自于当时自然科学发展的不充分和不全面，同时也决定了它在当时的过渡地位。

（六）机械唯物主义自然观的缺陷

机械唯物主义自然观的缺陷主要体现在：以机械决定论的观点认识自然界的存在及其规律，并以形而上学方法开展具体研究；以因果决定论的观点推测自然界的未来发展。

1. 以机械决定论认识自然界。（1）它把自然界和人都看作机器，并把人排斥于自然界之外，割裂其固有联系。（2）它以机械运动穷尽物质的所有运动，抹杀物质运动形式及其性质的多样性。（3）它用量的差异说明一切质的差异，用物质的量规定其质，忽视了质和量的辩证关系。

2. 以因果决定论看待自然界。它主张自然界的存在和发展都遵循因果规律，提倡“关于自然界的安排的合目的性的思想”①。其结果，“还是没有摆脱神学自然观”② 的束缚。

3. 以孤立和静止的方法研究自然界。它主张“在绝对不相

---

① 《马克思恩格斯文集》第 9 卷，人民出版社 2009 年版，第 413 页。
② 《马克思恩格斯文集》第 9 卷，人民出版社 2009 年版，第 479 页。

容的对立中思维”[1]，“企图用一种模式来改造整个世界”,[2] 虽然“在个别问题上胜过朴素唯物主义，但对世界的联系和发展的理解却低于朴素唯物主义”[3]。

（七）机械唯物主义自然观的演变

机械唯物主义自然观被恩格斯称为陈腐的、僵化的、“保守的”“低于希腊古代”的自然观,[4] 它以后被康德“星云假说”等自然科学的发现连续地“打开缺口”，最后被辩证唯物主义自然观所取代。

1. 机械唯物主义自然观在发展中扩大影响。（1）它被 18 世纪法国唯物主义者继承并发展，使其成为“完全机械的”[5] 唯物主义自然观。（2）它在当时产生了很大影响，甚至“统治了十九世纪的整个上半叶”[6]。例如，德国天文学家梅特勒在 1861 年仍主张“我们的太阳系的所有安排……是为了保持现存的东西，保持其长久不变”[7]。

2. 机械唯物主义自然观在发展中受到挑战。（1）它受到哲

---

① 《马克思恩格斯文集》第 9 卷，人民出版社 2009 年版，第 24 页。
② 《习近平谈治国理政》第 2 卷，外文出版社 2017 年版，第 340 页。
③ 任继愈：《中国哲学史》第 1 册，人民出版社 1979 年版，第 11 页。
④ 《马克思恩格斯全集》第 20 卷，人民出版社 1971 年版，第 535、365 页。
⑤ 恩格斯：《自然辩证法》，人民出版社 2015 年版，第 128 页。
⑥ 《马克思恩格斯全集》第 20 卷，人民出版社 1971 年版，第 366 页。
⑦ 恩格斯：《自然辩证法》，人民出版社 2015 年版，第 14 页。

学的挑战。斯宾诺莎等人“没有被同时代的自然知识的狭隘状况引入迷途”，“坚持从世界本身来说明世界”，① 被恩格斯赞誉为“当时的哲学博得的最高荣誉”②。（2）受到自然科学地冲击。它被康德“星云假说”等自然科学的发现连续地“打开缺口”，“科学的进步而被弄得百孔千疮”，③ 最后被辩证唯物主义自然观取代了。

三、辩证唯物主义自然观

辩证唯物主义自然观是马克思、恩格斯依据 19 世纪的科学技术成果，批判地继承了古希腊朴素唯物主义自然观，吸收了法国唯物主义自然观和德国唯心主义自然观中的合理因素所形成的关于自然界及其与人类关系的总观点。它是马克思主义自然观形成的重要标志。

（一）辩证唯物主义自然观的观点

辩证唯物主义自然观的主要观点。（1）自然界是先在的和历史的自然界。它先于人而存在，是“在人类社会的形成过程中生成的自然界”④；它既具有自然属性又具有社会历史性属性，

---

① 《马克思恩格斯文集》第 9 卷，人民出版社 2009 年版，第 413 页。
② 《马克思恩格斯文集》第 9 卷，人民出版社 2009 年版，第 413 页。
③ 《马克思恩格斯全集》第 20 卷，人民出版社 1971 年版，第 366 页。
④ 《马克思恩格斯文集》第 1 卷，人民出版社 2009 年版，第 193 页。

是人类史与自然史的统一。（2）自然界是相互联系和变化发展的自然界。它不断地“生成着和消逝着”① 以及循环着，各种物质运动形式遵循客观规律且相互转化，其“运动的量是不变的”②。（3）实践是人类认识和改造自然界的活动；人是自然界的一部分，“人靠自然界生活”，“人与自然是生命共同体”③，“人与自然是一种共生关系，对自然的伤害最终会伤及人类自身”。④（4）用辩证思维方式认识自然界。它反对孤立的、“非此即彼”的认识方法，主张从既有的事实出发，运用联系和变化的观点认识自然界。它“为一个研究领域向另一个研究领域过渡提供类比，从而提供说明方法”⑤。

（二）辩证唯物主义自然观的特征

辩证唯物主义自然观的特征主要体现在：在认识自然界及其与人类的关系方面具有实践性、历史性和辩证性；在认识德国古典哲学以及其他哲学和自然科学的论调方面具有批判性。

辩证唯物主义自然观的特征具体体现在：（1）实践性。它主张自然界是人类社会实践的产物，实践对认识自然界起到决定

① 《马克思恩格斯文集》第 9 卷，人民出版社 2009 年版，第 415 页。
② 《马克思恩格斯文集》第 9 卷，人民出版社 2009 年版，第 16 页。
③ 习近平：《在纪念马克思诞辰 200 周年大会上的讲话》，《人民日报》2018 年 5 月 5 日。
④ 《习近平谈治国理政》第 2 卷，外文出版社 2017 年版，第 209 页。
⑤ 《马克思恩格斯文集》第 9 卷，人民出版社 2009 年版，第 436 页。

作用。（2）历史性。它主张自然界的历史是人类生成的历史和自然界对人的生成作用的历史，认识自然界也是以实践为基础的过程。（3）辩证性。它以实践论为基础，实现唯物论和辩证法的统一、自然史和人类史的统一、人的受动性和能动性的统一、天然自然和人工自然的统一。（4）批判性。它取消了牛顿的“第一推动说”，批判了黑格尔和费尔巴哈等人的错误观点，是“唯一把自觉的辩证法从德国唯心主义哲学中拯救出来并运用于唯物主义的自然观和历史观”①。

（三）辩证唯物主义自然观的渊源

辩证唯物主义自然观的思想渊源可以追溯到古希腊哲学和德国古典哲学，“没有古希腊哲学到德国古典哲学的发展就没有辩证唯物主义世界观”。②

1. 古希腊哲学。古希腊哲学主张把自然界“当做整体、从总体上来进行观察”③，“按照自然界的本来面目质朴地理解自然界，不添加任何外来的东西”，④ 这成为辩证思维方式的重要前提和基础。

2. 德国古典哲学。马克思在黑格尔辩证法中“发现神秘外

---

① 《马克思恩格斯文集》第 9 卷，人民出版社 2009 年版，第 13 页。
② 任继愈：《中国哲学史》第 1 册，人民出版社 1979 年版，第 2 页。
③ 《马克思恩格斯文集》第 9 卷，人民出版社 2009 年版，第 438 页。
④ 恩格斯：《自然辩证法》，人民出版社 2015 年版，第 67 页。

壳中的合理内核”①，并“赋予了辩证法一个现代的科学的形态”②；费尔巴哈“颠倒黑格尔体系的做法对马克思有深刻的影响，是马克思主义哲学的一个重要来源”③。

（四）辩证唯物主义自然观的基础

1. 辩证唯物主义自然观的科学基础。辩证唯物主义自然观的科学基础主要是 19 世纪的自然科学理论。当时，以蒸汽机为主要标志的近代第一次技术革命及其产业革命，推动自然科学研究从“搜集材料”阶段进入到了“整理材料”阶段，使得自然科学“从经验科学变成了理论科学”④，变成了“关于过程、关于这些事物的发生和发展以及关于联系——把这些自然过程结合为一个大的整体——的科学”⑤，为辩证唯物主义自然观的形成提供了前所未闻的新材料。（1）康德的“星云假说”取消了牛顿的“第一推动假说”；赖尔的地质“渐变论”“取代了由于造物主一时兴动而引起的突然变革”，“把知性带进地质学”。⑥（2）维勒完成的人工合成尿素填平了无机界和有机界之间的鸿

---

① 《马克思恩格斯文集》第 9 卷，人民出版社 2009 年版，第 441 页。

② 瓦尔特尔·霍利切尔：《科学世界图景中的自然界》，孙小礼、汤侠生等译，上海人民出版社 1987 年版，第 89—90 页。

③ 赵敦华：《西方哲学简史》，北京大学出版社 2001 年版，第 319 页。

④ 《马克思恩格斯文集》第 9 卷，人民出版社 2009 年版，第 456 页

⑤ 《马克思恩格斯选集》第 4 卷，人民出版社 2012 年版，第 251 页。

⑥ 《马克思恩格斯文集》第 9 卷，人民出版社 2009 年版，第 415 页。

沟；门捷列夫的元素周期律揭示了元素之间的内在联系，“完成了科学上的一个勋业”。[①]（3）麦克斯韦等人的电磁场理论揭示了电和磁的统一性及其运动变化的规律，迈尔等人的能量守恒与转化定律揭示了各种形式能量之间的必然联系。（4）施旺和施莱登的细胞学说揭示了生物有机体之间的统一，达尔文等人的生物进化论为辩证唯物主义自然观“提供了自然史的基础”[②]。

2. 辩证唯物主义自然观的技术基础。（1）18世纪的蒸汽机技术革命及其产业革命和19世纪的电力技术革命及其产业革命，推动了由工场手工业到机器大工业再到电气化、自动化工业的转变，促进了由自由竞争资本主义到垄断资本主义的转变。它促使资本主义基本矛盾激化并由此产生了社会革命，为辩证唯物主义自然观的形成创造了社会条件。（2）技术革命进一步促进资本主义生产的发展，促进自然科学“从经验科学变成了理论科学”，“又转化成唯物主义的自然知识体系”，[③] 为辩证唯物主义自然观的形成奠定了实践基础。

（五）辩证唯物主义自然观的作用

辩证唯物主义自然观的作用主要体现在：它通过“扬弃”机械唯物主义自然观实现了自然观的革命性变革；它的实践思想

---

① 《马克思恩格斯文集》第9卷，人民出版社2009年版，第469页。
② 《马克思恩格斯全集》第31卷，人民出版社1972年版，第251页。
③ 《马克思恩格斯文集》第9卷，人民出版社2009年版，第456页。

和辩证思维方式为马克思主义自然观的形成和自然科学的发展奠定了理论和方法论基础，为自然科学和社会科学的融合奠定了理论基础；它的生态哲学思想成为生态自然观的思想渊源，也为解决生态环境问题提供了世界观和方法论；它的系统思想和人化自然等思想成为系统自然观和人工自然观的思想渊源。

1. 实现了自然观发展史上的革命性变革。（1）它“扬弃”了机械唯物主义自然观，在更高层次上实现了向古希腊朴素唯物主义自然观的回归。（2）它批判地吸收了法国唯物主义经验反映论和德国古典哲学中的辩证法思想，实现了唯物性、辩证性、实践性和历史性的辩证统一。

2. 为马克思主义自然观的形成奠定了理论基础。（1）它主张实践是自然史与人类史相统一的衔接点；自然界是自然史和人类史相统一的自然界。（2）它主张自然史是社会史的基础，二者都受客观规律的支配，实现了自然观和历史观的统一。

3. 为自然科学的发展提供了方法论基础。它的辩证思维方式“对于现今的自然科学来说”，“恰好是最重要的思维形式”,①“因为只有辩证法才……为一个研究领域向另一个研究领域过渡提供类比，从而提供说明方法”。②

4. 为自然科学和社会科学的融合奠定了理论基础。（1）它

① 《马克思恩格斯文集》第9卷，人民出版社2009年版，第436页。
② 《马克思恩格斯文集》第9卷，人民出版社2009年版，第436页。

主张人具有自然和社会两重属性，是自然科学和社会科学的共同研究对象。（2）它认为人类及其实践活动使得自然科学进入人的生活，也和社会科学发生了关联。（3）它认为社会科学是从自然科学中发展起来的，即所谓“自然科学往后将包括关于人的科学”，“人的科学包括自然科学”。①

5. 为解决生态环境问题提供世界观和方法论。它主张人类对于自然界的每一次胜利，“自然界都对我们进行报复”，“这个道理要铭记于心，落实于行”；“必须尊重自然、顺应自然、保护自然，否则就会遭到大自然的报复，这个规律谁也无法抗拒”；“在生态环境保护上，一定要树立大局观、长远观、整体观，不能因小失大、顾此失彼、寅吃卯粮、急功近利”。②

6. 成为系统自然观、人工自然观和生态自然观形成的思想渊源。（1）系统自然观在近代可以“追溯到莱布尼兹，追溯到……马克思和恩格斯的辩证法”③，尤其是恩格斯关于“整个自然界构成一个体系”④ 的思想。（2）马克思、恩格斯提出的“感性世界”“人化自然界”“人的现实的自然界”等概念和思想成为人工自然观形成的思想渊源。（3）马克思、恩格斯的生

---

① 《马克思恩格斯文集》第 1 卷，人民出版社 2009 年版，第 194 页。
② 《习近平谈治国理政》第 2 卷，外文出版社 2017 年版，第 207—209 页。
③ L. 贝塔兰菲：《一般系统论（基础·发展·应用）》，秋同、袁嘉新译，社会科学文献出版社 1987 年版，第 8 页。
④ 《马克思恩格斯文集》第 9 卷，人民出版社 2009 年版，第 514 页。

态哲学思想，尤其是自然主义、人道主义和共产主义相统一的思想，为生态自然观的形成奠定了思想基础。

（六）辩证唯物主义自然观的演变

辩证唯物主义自然观在更高的层次上"回到了希腊哲学的伟大创立者的观点"①，完成了自然观发展历程上的循环，但是，"这种循环在实验上的证明并不是完全没有缺陷的"。②"随着自然科学领域中每一个划时代的发现"，③辩证唯物主义自然观将"必然要改变自己的形式"④，"并且一年一年地弥补起来"⑤以及丰富和发展起来。

1. 被现代物理科学证实和发展。（1）19世纪末的物理学新发现，冲击了机械唯物主义自然观，"完全证实了辩证唯物主义的正确性"。⑥（2）20世纪初的相对论和量子力学否定了机械唯物主义自然观，揭示了质量和能量的辩证统一，微观物体的连续性和间断性、波动性和粒子性、主体和客体的辩证统一。

2. 被现代系统科学丰富和发展。（1）系统科学改变了形而上学思维方式，提供了系统思维方式，丰富发展了辩证思维方

① 《马克思恩格斯文集》第9卷，人民出版社2009年版，第418页。
② 《马克思恩格斯全集》第20卷，人民出版社1971年版，第370页。
③ 《马克思恩格斯文集》第4卷，人民出版社2009年版，第281页。
④ 《马克思恩格斯文集》第4卷，人民出版社2009年版，第281页。
⑤ 《马克思恩格斯全集》第20卷，人民出版社1971年版，第371页。
⑥ 《列宁全集》第55卷，人民出版社1990年版，第522页。

式。(2) 系统科学揭示了自然界的系统存在方式和演化机制、天然自然界和人工自然界的辩证关系，并和生态科学一起，形成了系统自然观、人工自然观和生态自然观等，丰富和发展了马克思主义自然观。

第二节　马克思主义自然观的发展

马克思主义自然观在20世纪科学技术和社会进步的基础上得到进一步发展，系统自然观、人工自然观和生态自然观是马克思主义自然观发展的当代形态，是中国马克思主义自然观的重要组成部分，是生态文明观的重要理论基础。

一、系统自然观

系统自然观是以现代科学技术为基础，概括和总结自然界系统的存在和演化规律形成的总的观点。它是马克思主义自然观发展的当代形态之一。

(一) 系统自然观的观点

系统自然观的观点。(1) 自然界是以系统的方式存在的，是简单性与复杂性、构成性与生成性、确定性与随机性相统一的物质系统。(2) 系统是由若干要素通过非线性相互作用构成的整体，它具有开放性、动态性、整体性和层次性等特点。（3）自然界的演化是不可逆的，分叉和突现是其演化的基本方式，开放性、远离平衡态、非线性作用和涨落等构成其演化的机制。（4）“自然界经历了混沌—有序—新的混沌—新的有序的循环发展过程。”①

（二）系统自然观的特征

系统自然观的特征主要体现在：依据系统科学和复杂性科学的成果，在认识自然界的存在方式方面凸显系统性，在认识其本质方面凸显复杂性，在认识其发展方面凸显演化性，在认识自然界系统的划界方面凸显广义性。（1）系统性。它把“系统”作为自然界的存在方式，凸显了自然界的整体性和普遍联系等特征。（2）复杂性。它强调自然界在本质上是复杂的，是复杂性与简单性、生成性与构成性、线性和非线性、确定性和随机性的统一。（3）演化性。它强调自然界在本质上是非稳定的、演化的，是存在与演化、等价与非等价、同一性和差异性的统一。（4）广义性。它揭示了自然界系统和社会系统的存在和演化规律。

（三）系统自然观的渊源

系统自然观的思想渊源在古代可以追溯到希腊和中国的系统

① 国家教委政治思想教育司组编：《自然辩证法概论》，高等教育出版社1989年版，第74页。

思想，在近代可以“追溯到莱布尼兹，追溯到……马克思和黑格尔的辩证法”[①]。L. 贝塔兰菲等人吸收马克思和恩格斯的思想，创立了系统论等系统科学理论。马克思、恩格斯的系统自然观思想具有当代价值。

1. 古代系统自然观思想。（1）赫拉克利特、德谟克里特等人都认为自然界是一个系统；亚里士多德主张“整体大于它的各部分的总和”的观点“至今仍然正确”[②]。（2）中国的《易经》等典籍主张自然界是由“阴阳”和“五行”构成的统一的、运动着的有机整体，是“自发的有组织的世界”[③]。

2. 近代系统自然观思想。（1）莱布尼兹、狄德罗、康德、黑格尔等人都主张自然界是一个系统。（2）马克思运用系统论思想研究人类社会的结构及其演化规律；恩格斯主张“整个自然界构成一个体系，即各种物体相联系的总体”[④]，他的观点现已逐渐地被当代系统科学家们所接受。[⑤]

---

① L. 贝塔兰菲：《一般系统论（基础 · 发展 · 应用）》，秋同、袁嘉新译，社会科学文献出版社 1987 年版，第 8 页。

② 魏宏森：《现代科学技术的发展与科学方法》，清华大学出版社 1985 年版，第 7 页。

③ 伊 · 普里戈金、伊 · 斯唐热：《从混沌到有序——人与自然的新对话》，曾庆宏等译，上海译文出版社 1987 年版，第 57 页。

④ 《马克思恩格斯文集》第 9 卷，人民出版社 2009 年版，第 514 页。

⑤ Claus Emmeche, Simo Koppe, Fredrik Stjernfelt, Explaining Emergence: *Towards an Ontology of Levels*, Journal for General Philosophy of Science 28., 1997, pp. 83-119.

（四）系统自然观的基础

1. 系统自然观的科学基础。系统自然观形成的科学基础主要是系统科学。它是从整体上研究自然界物质系统的结构和功能及其演化规律的综合性的学科群，它超越了还原论和决定论的桎梏，实现了思维方式的根本性变革，被称为“继相对论、量子力学之后的又一次科学革命”①。（1）系统论、控制论和信息论论述了系统的要素、结构、功能和特征。（2）耗散论论述了系统形成耗散结构的条件和机制，协同论论述了系统无序和有序相互转化的条件和机制，突变论论述了系统跃迁（突变）的机制，超循环论揭示了生物大分子的自组织机制。（3）分形论揭示了自然界的自相似规律；混沌论揭示了自然界演化的必然性与偶然性、有序与无序的统一。上述系统科学中的一些理论，如 L. 贝塔兰菲的系统论等，都是在受到马克思、恩格斯系统思想的启发下创立出来的。

2. 系统自然观的技术基础。（1）“系统技术”中的“计算机、自动装置、自动调节机械等‘硬件’”技术，主要被用于对“若被破坏会发生严重污染问题的生态系统；国家机关、教育机构或军队等正式组织；社会经济系统……”等各级系统

① 童天湘、林夏水主编：《新自然观》，中共中央党校出版社 1998 年版，第 1 页。

"施以科学的控制"①。(2)"系统技术"中的"新的理论成果和学科的'软件'",如"对策论、决策论、回路理论与排队论等等",被用于解决"机械、流体动力、电气、生物等系统的同形性反馈模型"② 等各种系统问题。

(五) 系统自然观的作用

系统自然观的作用主要体现在:它丰富和发展了马克思主义的物质观、认识论和方法论、价值论和实践论思想;它随着系统科学的发展而改变自己的形式,为认识人工自然观和生态自然观提供了理论和方法。

1. 丰富和发展了马克思主义物质论。它强调自然界的客观实在性及其系统性,强调自然界系统的循环演化性,强调自然界系统结构中时间和空间的统一性。

2. 丰富和发展了马克思主义认识论和方法论。它倡导系统思维方式,从认识物质实体拓展到认识系统关系,丰富和发展了辩证思维方式;它"坚持人与自然和谐共生","统筹山水林田湖草系统治理";③ 它"注重系统性、整体性、协同性是全面深

---

① L. 贝塔兰菲:《一般系统论(基础·发展·应用)》,秋同、袁嘉新译,社会科学文献出版社 1987 年版,第 9 页。

② L. 贝塔兰菲:《一般系统论(基础·发展·应用)》,秋同、袁嘉新译,社会科学文献出版社 1987 年版,第 10 页。

③ 本书编写组:《党十九大报告辅导读本》,人民出版社 2017 年版,第 23 页。

化改革的内在要求，也是推进改革的重要方法”①。

3. 丰富和发展了马克思主义价值论。它摆脱了传统价值观念的束缚，主张人与自然界的价值关系是一个系统关系，达到了对人与自然界价值关系的辩证认识。

4. 丰富和发展了马克思主义实践论。它主张人和自然界的实践关系是一个系统关系，并决定了人和自然界关系的演化，实现了自然观、认识论、方法论、价值观之间的辩证统一。

二、人工自然观

人工自然观是以现代科学技术为基础，概括和总结人工自然界的存在和发展规律形成的总的观点。它是马克思主义自然观发展的当代形态之一。

（一）人工自然观的观点

人工自然观的主要观点包括：（1）人工自然界是人类运用科学和技术创造的系统自然界，它具有目的性、实践性、价值性等特征。（2）人工自然界和人化自然界皆来源于天然自然界，它们三者通过相互交换物质、能量和信息不断地演化着。（3）人工自然界通过“自复制”“自催化”和“自反馈”等机制，从简单到复杂、从低级到高级“螺旋式”地演化着。

① 《习近平谈治国理政》第 2 卷，外文出版社 2017 年版，第 109 页。

(4) 遵循自然和社会发展规律，贯彻落实新发展理念，树立尊重自然、顺应自然、保护自然的生态文明理念，“坚持节约优先、保护优先、自然恢复为主的方针，形成节约资源和保护环境的空间格局、产业结构、生产方式、生活方式，还自然以宁静、和谐、美丽”,① 创建生态型人工自然界。

(二) 人工自然观的特征

人工自然观的特征主要体现在：它在认识人工自然界的创建和发展方面，以强调实践的作用和意义为前提或基础，凸显其主体性、能动性和价值性；它追求主体和客观、能动性和受动性、自然界内在价值和人类自身价值间的辩证统一，并以此实施人工自然界的生态化实践，实现人工自然界和天然自然界的和谐统一。(1) 主体性。它凸显了人在自然界中的主体地位，并通过对人的主体地位的反思和批判，从主、客体间的对立转向二者间的和谐。(2) 能动性。它凸显了人对自然界的能动作用，并通过对人对自然界的能动作用的反思和批判，从能动性和受动性间的对立转向二者间的统一。(3) 价值性。它强调人类对自然界的价值诉求，并通过对价值诉求的批判和反思，从自然界内在价值和人类自身价值间的对立转向二者间的统一。

---

① 习近平：《决胜全面建成小康社会 夺取新时代中国特色社会主义伟大胜利——在中国共产党第十九次全国代表大会上的报告》，人民出版社 2017 年版，第 50 页。

（三）人工自然观的渊源

人工自然观的思想渊源在古代可以追溯到古希腊和古代中国的人工自然观思想，在近代可以追溯到F. 培根、霍布斯、康德、黑格尔、马克思和恩格斯的人工自然观思想。马克思、恩格斯的人工自然观思想具有当代价值。

1. 古代人工自然观思想。（1）古希腊柏拉图、亚里士多德等论述了“床”“人工产品”“人工客体”等概念和思想。（2）古代中国人提出了“人工”或“人力”“百货”“百工”“制天命以用之”等概念和思想。

2. 近代人工自然观思想。（1）培根和斯宾诺莎等提出了“人为事物”等概念和思想；康德和黑格尔等提出了“人为自然界立法”等思想，论述了改造自然界的目的和手段及其关系。（2）马克思、恩格斯提出了“人化自然界”“人的现实的自然界”等概念以及通过实践改造自然界的思想。

（四）人工自然观的基础

人工自然观的基础是近现代科学技术，它们共同为正确认识和处理天然自然界与人工自然界的辩证关系，减少创造人工自然界的负面后果奠定了理论和实践的基础。

1. 人工自然观的科学基础。（1）系统科学、生态科学等为人工自然观提供了新的思维方式和知识基础。（2）哲学、美学、伦理学和法学等有助于对人工自然界的创造行为及其后果进行批判性反思，实现人工自然界和天然自然界的和谐统一。

2. 人工自然观的技术基础。（1）采取、加工、控制等传统技术，计算机技术、航天技术等高新技术，氢核聚变反应技术、太阳能和风能发电技术、沼气等生态技术都推动了人工自然界的发展。（2）“大数据、云计算、移动互联网等新一代信息技术同机器人和智能制造技术相互融合步伐加快”，① 进一步推进人工自然界的发展。

（五）人工自然观的作用

人工自然观的作用主要体现在：它超越了认识自然界的范围，拓展了自然观的研究领域；实现了唯物论、辩证法、实践论和价值论的统一；有助于实现人工自然界和天然自然界的统一；随着科学技术的发展而改变自己的形式，并促进其完善和发展，尤其是随着人类对科学技术的应用及其后果的反思和批判而发生变革，并由此为转向生态自然观起到过渡作用。

1. 丰富和发展了历史唯物主义自然观。它研究人类改造自然界的实践活动，关注最能体现人的本质力量对象化的创造领域，论证了自然界的现实性和“社会—历史”性，超越了以往认识狭义天然自然界的范围，拓展了天然自然观的研究领域。

2. 实现了唯物论、辩证法、实践论和价值论的统一。它论

---

① 《习近平谈治国理政》第 2 卷，外文出版社 2017 年版，第 268 页。

证了主体和客体、能动性和受动性、自然史和人类史、自然界内在价值和人类自身价值的辩证关系，克服了近代唯物主义经验论和唯心主义思辨论的固有缺陷，实现了唯物论、辩证法、实践论和价值论的统一，凸显了马克思主义自然观的能动性、实践性和革命性特征。

3. 有助于实现人工自然界和天然自然界的统一。它主张创建人工自然界要遵循自然和社会规律，尊重人文价值。它强调“人与自然是生命共同体”①，强调人工自然界的生态化及其和天然自然界的和谐共存。

三、生态自然观

生态自然观是以现代科学技术为基础，概括和总结生态自然界的存在和发展规律形成的总的观点。它是马克思主义自然观发展的当代形态之一。

（一）生态自然观的观点

生态自然观的主要观点包括：（1）生态自然界系统具有整体性、多样性、层次性、开放性、动态性、自适应性和自组织性等特征；它是多样性和整体性、平衡和非平衡的统一，天然自然界和人工自然界的统一。（2）通过从自然界的人工化转向生态

① 本书编写组：《党的十九大报告辅导读本》，人民出版社2017年版，第373页。

化，从非生态型人工自然界转向生态型人工自然界，“人类必须敬畏自然、尊重自然、顺应自然、保护自然”，“牢固树立和切实践行绿水青山就是金山银山的理念”,[①]“着力推进人与自然和谐共生”,[②]“动员全社会力量推进生态文明建设，共建美丽中国”,[③] 实现人和自然界的可持续发展。（3）贯彻落实新发展理念，“加大生态系统保护力度”，“改革生态环境监管体制”,[④] 实施节能减排和发展低碳经济，构建和谐社会，建设生态文明。

（二）生态自然观的特征

生态自然观的特征主要体现在：它在关于人和自然界关系的认识视野方面具有全球性，在针对人类对其自身与自然界关系的认识和行为的态度方面具有批判性，在围绕创建生态自然界的目的设计方面具有和谐性。（1）全球性。它是以生态视角，代表地球人类（包括后代人）的利益，研究全球生态或环境问题形成的自然观。（2）批判性。它从生态视角或人类的视角，反思和批判人类的理念和行为及其后果，强调人与自然界是和谐统一

---

① 习近平：《在纪念马克思诞辰200周年大会上的讲话》，《人民日报》2018年5月5日。

② 《习近平谈治国理政》第2卷，外文出版社2017年版，第207页。

③ 习近平：《在纪念马克思诞辰200周年大会上的讲话》，《人民日报》2018年5月5日。

④ 本书编写组：《党的十九大报告辅导读本》，人民出版社2017年版，第51页。

的生命共同体。（3）和谐性。它强调科学技术与自然界及社会之间的全面、协调、可持续发展，强调人类社会和其他生命体和非生命体的和谐统一。

（三）生态自然观的渊源

生态自然观的思想渊源在古代可以追溯到古希腊和古代中国的生态自然观思想，在近代可以追溯到斯宾诺莎、霍尔巴赫、马克思和恩格斯等生态自然观思想。马克思、恩格斯生态自然观思想具有当代价值。

1. 古代生态自然观思想。（1）古希腊阿那克西曼德等主张人来源于自然界，亚里士多德主张人和其他有机体共存于自然界系统中。（2）中国古代贤哲们“早就认识到了生态环境的重要性”①,《论语》《荀子》和《吕氏春秋》等典籍都提出了“对自然要取之以时、取之有度的思想”②，主张人与自然界要和谐共处、协调发展。

2. 近代生态自然观思想。（1）斯宾诺莎等主张人来源于自然界，卢梭指出了人类征服自然界给人类自身带来的后果。（2）马克思、恩格斯主张人是自然界中的一部分；环境创造人，人也创造环境；人与自然界相和谐；改革不合理的社会制度，促进人与自然界协调发展；共产主义是自然主义和人道主义的

① 《习近平谈治国理政》第 2 卷，外文出版社 2017 年版，第 209 页。
② 《习近平谈治国理政》第 2 卷，外文出版社 2017 年版，第 209 页。

统一。

（四）生态自然观的基础

1. 生态自然观的科学基础。生态自然观形成的科学基础主要是生态学。它研究生物多样性的保护和作用、生态系统的存在和演化，生命系统与环境相互作用规律、人和生态系统之间的辩证关系等，是一门自然科学、技术科学和社会科学相互交叉渗透的综合科学。（1）生态科学认为人处于食物链金字塔的顶端，人是生态系统的调控者和协同者；人和生物共同遵守“物物相关”“相生相克”“协调稳定”等生态规律。（2）生态科学主张以整体、循环、平衡和多样性的生态理念，研究生物多样性的保护和作用、生态系统的存在和演化，研究人和生态系统之间的辩证关系。

2. 生态自然观的技术基础。（1）生态技术是包括环保技术在内的一类“持续技术”的总称，它被用于对风能、太阳能、地热、水资源的利用和对废物的再利用以及造林、治沙、滴灌等。（2）生物技术不仅包括传统生物技术，还包括基因工程、细胞工程、生物冶金技术（细菌浸矿）、环境生物技术（生物降解）等现代生物技术。（3）生态技术和生物技术等对于全面促进资源节约、加大自然生态系统和环境保护力度等都具有重要作用。

（五）生态自然观的作用

生态自然观的作用主要体现在：它以人类生态学为理论基础，丰富和发展马克思主义自然观；它强调人和生态系统和谐发展，为贯彻新发展理念，有效开展生态文明建设奠定理论基础；它随着生态科学的发展而不断得到完善并在生态文明建设中发挥重要作用。

1. 丰富和发展了马克思主义自然观。它倡导系统思维方式，发挥人的主体创造性，强化人与自然界协调发展的生态意识，促进了马克思主义自然观在认识人类与生态系统关系方面的发展。

2. 有助于深入理解新发展理念。（1）新发展理念包括创新、协调、绿色、开放、共享，它们旨在解决发展的动力问题、不平衡问题、人与自然和谐问题、内外联动问题和社会公平正义问题，它们彼此“相互贯通、相互促进，是具有内在联系的集合体”①。（2）生态自然观强调人和生态系统的和谐发展，有助于人们“以新的发展理念引领发展”，“把新发展理念落到实处”,② “坚持节约资源和保护环境的基本国策”；“加强生态文明体制改革，建设美丽中国”。③

---

① 《习近平谈治国理政》第2卷，外文出版社2017年版，第200页。

② 《习近平谈治国理政》第2卷，外文出版社2017年版，第197、219页。

③ 本书编写组：《党的十九大报告辅导读本》，人民出版社2017年版，第23、49页。

3. 有助于生态文明建设。（1）“生态文明建设是‘五位一体’总体布局和‘四个全面’战略布局的重要内容”,[①] 它“功在当代、利在千秋”[②]，“是中华民族永续发展的千年大计”[③]。（2）生态自然观强调人类与自然界的共生关系，强调“环境就是民生，青山就是美丽，蓝天也是幸福，绿水青山就是金山银山”，“保护环境就是保护生产力，改善环境就是发展生产力”,[④] 为建设生态文明奠定了理论基础。（3）“弘扬塞罕坝精神，持之以恒推进生态文明建设”;[⑤] “加快构建生态文明体系”,[⑥] 即以生态价值观为准则的生态文化体系，以产业生态化和生态产业化为主体的生态经济体系，以改善生态环境质量为核心的目标责任体系，以治理体系和治理能力现代化为保障的生态文明制度体系，以生态系统良性循环和环境风险有效防控为重点的生态安全体系，“走出一条生产发展、生活富裕、生态良好的文明发展道

---

① 《习近平谈治国理政》第 2 卷，外文出版社 2017 年版，第 393 页。

② 本书编写组：《党的十九大报告辅导读本》，人民出版社 2017 年版，第 52 页。

③ 本书编写组：《党的十九大报告辅导读本》，人民出版社 2017 年版，第 23 页。

④ 《习近平谈治国理政》第 2 卷，外文出版社 2017 年版，第 209 页。

⑤ 《习近平谈治国理政》第 2 卷，外文出版社 2017 年版，第 397 页。

⑥ 习近平：《坚决打好污染防治攻坚战 推动生态文明建设迈上新台阶》，《人民日报》2018 年 5 月 20 日。

路”① “努力走向社会主义生态文明新时代”②。

系统自然观、人工自然观和生态自然观之间的关系。系统自然观、人工自然观和生态自然观作为马克思主义自然观发展中的三种形态，它们之间既相对独立又相辅相成，共同成为中国马克思主义自然观的重要组成部分。（1）它们都围绕人与自然界关系的主题，丰富和发展了马克思主义自然观的本体论、认识论和方法论；它们都坚持人类与自然界、人工自然界与天然自然界、人与生态系统的辩证统一，都为贯彻落实新发展理念和生态文明建设奠定了理论基础。（2）它们在研究人与自然界的关系方面各有其侧重点：系统自然观为正确认识和处理人与自然界的关系提供了新的思维方式；人工自然观突出并反思了人的主体性和创造性；生态自然观站在人类文明的立场，强调了人与自然界的协调发展和生态文明建设。（3）它们在研究人与自然界的关系方面相互关联：系统自然观通过系统思维方式，为人工自然观和生态自然观提供了方法论基础；人工自然观通过突出人的主体性和实践性，为系统自然观和生态自然观提供了认识论前提；生态自然观通过强调人与自然界的统一性、协调性的关系，为系统自然观和人工自然观指明了发展方向和目标。（4）生态自然观为生

① 习近平：《在纪念马克思诞辰200周年大会上的讲话》，《人民日报》2018年5月5日。

② 《习近平谈治国理政》第2卷，外文出版社2017年版，第393页。

态文明建设提供理论基础。生态文明建设构建了 2035 年“美丽中国”的建设蓝图：确保到 2035 年，生态环境质量实现根本好转，美丽中国目标基本实现；到本世纪中叶，物质文明、政治文明、精神文明、社会文明、生态文明全面提升，绿色发展方式和生活方式全面形成，人与自然和谐共生，生态环境领域国家治理体系和治理能力现代化全面实现，建成美丽中国。生态自然观引领系统自然观和人工自然观，积极推进这个宏伟蓝图的实现。

思考题：

1. 如何理解朴素唯物主义自然观、机械唯物主义自然观和辩证唯物主义自然观的辩证关系?
2. 如何理解系统自然观、人工自然观和生态自然观的辩证关系?
3. 如何认识生态自然观和生态文明建设之间的辩证关系?
4. 如何理解“绿水青山就是金山银山”等新发展理念?
5. 如何弘扬塞罕坝精神，建设美丽中国?

重点阅读文献：

1. 恩格斯：《自然辩证法》，人民出版社 2015 年版。

2. 《习近平谈治国理政》第 2 卷，外文出版社 2017 年版。
3. 李佩珊等：《20 世纪科学技术简史》，科学出版社 2004 年版。
4. 席泽宗：《中国科学技术史》（科学思想史卷），科学出版社 2001 年版。
5. 童天湘等：《新自然观》，中共中央党校出版社 1998 年版。

第二章　马克思主义科学技术观

马克思主义科学技术观是基于马克思、恩格斯的科学技术思想，对科学技术及其发展规律的概括和总结，是马克思主义关于科学技术的本体论和认识论。要从辩证唯物主义和历史唯物主义的基本立场出发，在总体上把握马克思、恩格斯的科学技术思想。马克思主义认为科学是一般生产力，技术是现实生产力；科学是认识世界，技术是改造世界。现代科学和技术形成了既有区别又有联系的体系结构。科学技术发展分别有其模式和动力。

第一节　马克思、恩格斯的科学技术思想

一、马克思、恩格斯科学技术思想的历史形成

马克思、恩格斯科学技术思想是历史的产物，其形成与当时的社会条件、思想理论背景和科学技术发展密切相关。

（一）马克思、恩格斯科学技术思想形成的社会条件

马克思、恩格斯科学技术思想是在西欧各国普遍确立资本主义制度的社会条件下形成的。18 世纪下半叶到 19 世纪中叶，资本主义从自由竞争过渡到垄断阶段，资本主义生产方式第一次使

自然科学为直接的生产过程服务，科学获得新的使命，成为生产财富的手段，而社会对技术的需要更加把科学推向前进。

（二）马克思、恩格斯科学技术思想形成的思想理论背景

首先，它是在批判继承德国古典哲学的唯物主义和辩证法基础上发展起来的。其次，技术史、工艺史和自然科学史的相关研究成果也是马克思、恩格斯科学技术思想产生的重要理论背景。

（三）马克思、恩格斯科学技术思想形成的科学技术基础

18、19世纪，天文学、地学、物理学、化学、解剖学、生物学等都有了长足的发展，特别是能量守恒与转化定律、细胞学说和生物进化论三大发现，使自然科学的发展进入了一个新时期，两次科技革命使人类进入了工业文明时代。马克思、恩格斯在总结和概括19世纪科学技术成果的基础上，形成了以辩证唯物主义为理论基础的科学技术思想。

（四）马克思、恩格斯科学技术思想的历史形成过程，是随着辩证唯物主义和历史唯物主义的创立而逐步发展和完善的

马克思立足于历史唯物主义，从现实生产劳动出发考察社会历史，以实践概念为核心将科学技术与生产劳动、现代工业、资本生产、社会发展等的关系纳入对科学技术研究的视阈之中。同时也关注了科学技术与资本主义现实社会之间的关系，科学技术在资本主义社会中的作用、发展以及人的解放问题。恩格斯在对

自然科学进行研究的基础上，探讨了自然科学和哲学的关系、科学的分类、科学与技术的关系、科学技术与社会的关系以及自然科学方法论等问题。

二、马克思、恩格斯科学技术思想的基本内容

（一）对科学技术的理解

马克思、恩格斯认为，科学是建立在实践基础之上，通过实践对自然的认识与解释，是人类对客观世界规律的理论概括，是社会发展的一般精神成果。马克思、恩格斯的科学既指狭义的自然科学，也包括广义的社会科学和历史科学。马克思、恩格斯认为："科学是经验的科学，科学就在于把理性方法运用于感性材料。归纳、分析、比较、观察和实验是理性方法的主要条件。"① "自然科学往后将包括关于人的科学，正像关于人的科学包括自然科学一样：这将是一门科学。"②

马克思、恩格斯认为，技术在本质上体现了人对自然的实践关系，"工艺学揭示出人对自然的能动关系，人的生活的直接生产过程，从而人的社会生活关系和由此产生的精神观念的直接生产过程"。③

---

① 《马克思恩格斯文集》第1卷，人民出版社2009年版，第331页。
② 《马克思恩格斯文集》第1卷，人民出版社2009年版，第194页。
③ 《马克思恩格斯文集》第5卷，人民出版社2009年版，第429页。

（二）科学的分类

恩格斯依据物质运动形式对自然科学进行了分类。恩格斯说："每一门科学都是分析某一个别的运动形式或一系列互相关联和互相转化的运动形式的，因此，科学分类就是这些运动形式本身依其内在序列所进行的分类、排序，科学分类的重要性也正在于此。"① 恩格斯将自然科学的研究对象规定为运动着的物体，并将科学分为数学、天文学、物理学、化学、生物学等。

（三）科学技术与哲学的关系

恩格斯强调科学技术对哲学的推动作用，认为推动哲学家前进的，"主要是自然科学和工业的强大而日益迅猛的进步"。② 科学的发展也受到哲学的制约和影响。科学与哲学在研究对象上具有本质上的共同点和内在的一致性。科学研究作为一种认识活动，必须通过理论思维才能揭示对象的本质和规律，这就自然地与哲学发生紧密的联系。

（四）科学技术是生产力

马克思提出了科学是生产力的思想。"资本是以生产力的一定的现有的历史发展为前提的——在这些生产力中也包括科学"，③ 马克思认为，社会生产力不仅以物质形态存在，而且以知识形态

---

① 《马克思恩格斯文集》第 9 卷，人民出版社 2009 年版，第 504 页。
② 《马克思恩格斯文集》第 4 卷，人民出版社 2009 年版，第 280 页。
③ 《马克思恩格斯文集》第 8 卷，人民出版社 2009 年版，第 188 页。

存在，自然科学就是以知识形态为特征的一般社会生产力。

（五）科学技术的生产动因

马克思、恩格斯明确提出了科学发展的生产动因思想。马克思认为自然科学本身的发展，“仍然是在资本主义生产的基础上进行的，这种资本主义生产第一次在相当大的程度上为自然科学创造了进行研究、观察、实验的物质手段”。① 恩格斯认为近代以来科学“以神奇的速度发展起来，那么，我们要再次把这个奇迹归功于生产”。②

（六）科学技术的社会功能

科学是最高意义的革命力量。恩格斯指出，“在马克思看来，科学是一种在历史上起推动作用的、革命的力量”。③“他把科学首先看成是一个伟大的历史杠杆，看成是按最明显的字面意义而言的革命力量”。④ 科学革命的出现，打破了宗教神学关于自然的观点，使人类的关注回到人类自身。科学与技术的结合推动了产业革命，产业革命促使市民社会在经济结构和社会生产关系上发生了全面变革。

科学技术是生产方式和生产关系革命化的因素。马克思认

---

① 《马克思恩格斯文集》第 8 卷，人民出版社 2009 年版，第 359 页。
② 《马克思恩格斯文集》第 9 卷，人民出版社 2009 年版，第 427 页。
③ 《马克思恩格斯文集》第 3 卷，人民出版社 2009 年版，第 602 页。
④ 《马克思恩格斯全集》第 25 卷，人民出版社 2001 年版，第 592 页。

为，科学技术的发展，首先必然引起生产方式的变革，“随着新生产力的获得，人们改变自己的生产方式，随着生产方式即谋生的方式的改变，人们也就会改变自己的一切社会关系。手推磨产生的是封建主的社会，蒸汽磨产生的是工业资本家的社会”。① 科学技术的发展，必然引起生产关系本身的变革，因为“一旦生产力发生了革命——这一革命表现在工艺技术方面——，生产关系也就会发生革命”②。

（七）科学技术与社会制度

首先，马克思、恩格斯探讨了新兴资产阶级与自然科学的关系。马克思指出，“只有资本主义生产才把物质生产过程变成科学在生产中的应用——被运用于实践的科学”。③ 其次，马克思、恩格斯揭示了资本主义制度下劳动者与科学技术的关系。“科学根本不费资本家‘分文’，但这丝毫不妨碍他们去利用科学。资本像吞并他人的劳动一样，吞并‘他人的’科学”。④ 最后，预见了只有在劳动共和国，科学才能起到它真正的作用。马克思、恩格斯认为，科学家需要依靠历史的产物和群众的智慧。马克思指出，正是 17 世纪机器的应用，“为当时的大数学家们创立现代力学提供了实际的支点和刺

---

① 《马克思恩格斯文集》第 1 卷，人民出版社 2009 年版，第 602 页。
② 《马克思恩格斯文集》第 8 卷，人民出版社 2009 年版，第 341 页。
③ 《马克思恩格斯文集》第 8 卷，人民出版社 2009 年版，第 363 页。
④ 《马克思恩格斯文集》第 5 卷，人民出版社 2009 年版，第 444 页。

激”。① “18 世纪的任何发明，很少是属于某一个人的”。② 马克思、恩格斯也肯定了科学家个人在科学发展史上的重要作用。

（八）科学与技术的相互关系

在早期漫长的人类文明史进程中，科学与技术彼此处于相对独立的状态发展，这种状况在第一次技术革命前后发生改变，科学与技术开始彼此靠拢，相互促进，逐步融合。马克思、恩格斯不仅敏锐地关注到这种变化，而且深入考察了科学与技术的相互作用关系。“技术在很大程度上依赖于科学状况，那么，科学则在更大得多的程度上依赖于技术的状况和需要。”③

（九）科学技术异化

资本的形成以及向社会生活诸领域的全面渗透，是资本主义社会的基本特征。在资本主义发展进程中，不仅社会生产被纳入资本运行体制，而且科学与技术的发展也成了资本扩张的“帮手”，导致了在资本主义条件下科学技术的异化现象。马克思在批判尤尔为科学的资本化辩护时深刻揭示了资本主义条件下的科学异化现象，马克思指出：“尤尔还证明，‘被招募来为资本服务的科学’在资本与劳动的一切冲突中虽然迫使工人‘无条件投降’，并保证资本享有‘合法权利’，来充当工厂头脑并把工人降低到工

① 《马克思恩格斯文集》第 5 卷，人民出版社 2009 年版，第 728 页。
② 《马克思恩格斯文集》第 5 卷，人民出版社 2009 年版，第 428—429 页。
③ 《马克思恩格斯文集》第 10 卷，人民出版社 2009 年版，第 668 页。

厂的没有头脑的、没有意志的肢体的地位，然而资本招募来的科学并没有被用来压制‘被压迫阶级’。”① 马克思有关技术异化的思想多是潜在地包含于其劳动异化理论之中。马克思深入考察了资本主义条件下由于产业技术的发展以及资本主义统治与剥削造成的技术异化现象。马克思指出，“机器具有减少人类劳动和使劳动更有成效的神奇力量，然而却引起了饥饿和过度的疲劳。财富的新源泉，由于某种奇怪的、不可思议的魔力而变成贫困的源泉。技术的胜利，似乎是以道德的败坏为代价换来的。”②

马克思、恩格斯的科学技术思想，不仅是对马克思主义理论的丰富和发展，更有助于指导我们正确分析科学技术及其发展的理论和现实问题。

第二节　科学技术的本质与结构

一、科学技术的本质特征

（一）科学的本质特征

1. 马克思、恩格斯关于科学本质特征的分析

马克思、恩格斯认为，科学在本质上体现了“人对自然界

---

① 《马克思恩格斯文集》第 8 卷，人民出版社 2009 年版，第 362—363 页。
② 《马克思恩格斯文集》第 2 卷，人民出版社 2009 年版，第 580 页。

的理论关系”①，是一般生产力。

第一，关于科学的内涵方面，马克思提出科学是“真正实证的科学”，是“真正的知识”。②

第二，关于科学的基础方面，马克思认为，感性是一切科学的基础。“科学只有从感性意识和感性需要这两种形式的感性出发，因而，科学只有从自然界出发，才是现实的科学”。③

第三，关于科学的社会作用，马克思认为，科学是“一种在历史上起推动作用的、革命的力量”④。科学具有实践属性，是属于精神生产领域的活动。马克思明确指出，“生产力中也包括科学”，⑤“生产过程成了科学的应用，而科学反过来成了生产过程的因素即所谓职能”。⑥

第四，在社会属性上，科学是一种特殊的社会意识形式。科学是对客观世界的反映，但它和资本结合起来，就成为资本家统治的工具而“迫使反叛的工人就范”⑦。

① 《马克思恩格斯文集》第1卷，人民出版社2009年版，第350页。
② 《马克思恩格斯文集》第1卷，人民出版社2009年版，第214页。
③ 《马克思恩格斯文集》第1卷，人民出版社2009年版，第194页。
④ 《马克思恩格斯文集》第3卷，人民出版社2009年版，第602页。
⑤ 《马克思恩格斯全集》第31卷，人民出版社1998年版，第94页。
⑥ 《马克思恩格斯文集》第8卷，人民出版社2009年版，第356页。
⑦ 《马克思恩格斯文集》第8卷，人民出版社2009年版，第302页。

第五，科学具有双刃剑作用，它一方面推动了社会的发展，另一方面又成为一种控制人的力量。“随着人类愈益控制自然，个人却似乎愈益成为别人的奴隶或自身的卑劣行为的奴隶。甚至科学的纯洁光辉仿佛也只能在愚昧无知的黑暗背景上闪耀。我们的一切发明和进步，似乎结果是使物质力量成为有智慧的生命，而人的生命则化为愚钝的物质力量。”①

2. 国外学者对科学本质特征的研究

一些西方马克思主义者在对西方发达社会中的物化现象展开激烈批判的过程中阐述了对科学的理解，认为科学技术成为意识形态，成为统治社会的决定力量。西方科学哲学对“科学是什么”的思考经过了从实证主义到逻辑实证主义再到证伪主义、精致证伪主义、历史主义、无政府主义等演变历程。后现代主义在科学观上坚持反科学主义的立场，要求取消自然科学在当代占据的至高无上的地位。牛顿、爱因斯坦等科学家也在科学研究的过程中提出了对科学的理解。

对上述这些研究，应该基于马克思主义科学技术观进行分析评价。

3. 对科学本质特征的理解

马克思主义认为，科学（主要指狭义科学）是在人类探索

---

① 《马克思恩格斯文集》第2卷，人民出版社2009年版，第580页。

自然实践活动基础上的理论化、系统化的知识体系，科学知识是人在与自然接触的过程中获得的对自然的认识；科学是产生知识体系的认识活动，科学的任务就是发现事实，揭示客观事物的规律性；科学是一种社会建制，即一项成为现代社会组成部分的社会化事业；科学是一种文化现象，是人类文化中最基本的组成部分。为此，“科学研究既要追求知识和真理，也要服务于经济社会发展和广大人民群众。广大科技工作者要把论文写在祖国的大地上，把科技成果应用在实现现代化的伟大事业中。”①

科学在本质上体现了人对自然的理论和实践关系，具有客观性和实证性、探索性和创造性、通用性和共享性，现代科学通过技术体现其特征。科学是一般生产力，必须和直接的生产过程相结合才能转化为现实的生产力。

（二）技术的本质特征

1. 马克思、恩格斯关于技术本质特征的分析

马克思、恩格斯认为技术在本质上体现了“人对自然界的理论关系和实践关系”②，技术是人的本质力量的对象化。第一，劳动资料延长了人的“自然的肢体”③。第二，工艺学在本质上

---

① 《习近平谈治国理政》第 2 卷，外文出版社 2017 年版，第 270 页。
② 《马克思恩格斯文集》第 1 卷，人民出版社 2009 年版，第 350 页。
③ 《马克思恩格斯文集》第 5 卷，人民出版社 2009 年版，第 209 页。

“揭示出人对自然的能动关系”①。第三，技术的发展引起生产关系的变革。“火药、指南针、印刷术——这是预告资产阶级社会到来的三大发明。”②

2. 国外学者对技术本质特征的研究

欧美技术哲学存在工程学的和人文主义的两种技术研究路向，前者如卡普提出“器官投影说”，后者有芒福德、海德格尔、埃吕尔等，埃吕尔主张技术自主论。日本的技术论在技术的本质问题上形成了“方法技能说”“劳动手段说”“知识应用说”等观点。实用主义者和后现代主义者也从其哲学立场阐发对技术本质的理解。这些观点各有特色，但大都表现出对技术理解的单一性。对这些观点应该用马克思主义科学技术观进行分析评价。

3. 对技术本质特征的理解

马克思主义认为，技术是人类为满足自身的需要，在实践活动中根据实践经验或科学原理所创造发明的各种手段和方式方法的总和。主要体现在两个方面：一是技术活动，狭义的技术是指人类在利用自然、改造自然的劳动过程中所掌握的方法和手段；广义的技术是指人类改造自然、改造社会和改造人类自身的方法

---

① 《马克思恩格斯文集》第5卷，人民出版社2009年版，第429页。
② 《马克思恩格斯文集》第8卷，人民出版社2009年版，第338页。

和手段。二是技术成果，包括技术理论、技能技巧、技术工艺与技术产品（物质设备）。

技术在本质上体现了人对自然的实践关系，是人的本质力量的展现，属于直接生产力，是自然性和社会性、物质性和精神性、中立性与价值性、主体性和客体性、跃迁性和累积性的统一。

二、科学技术的体系结构

（一）马克思、恩格斯关于科学技术体系结构的分析

1. 自然科学分类及其原则

恩格斯从运动形式入手，分析了基础的自然科学，即力学、物理学（热学、电学和光学）、化学和生物学，研究了它们之间的相互联系与相互转化，并提出了科学分类的客观性原则和发展性原则。

2. 自然科学与人文学科的关系

马克思提出了“自然科学往后将包括关于人的科学，正像关于人的科学包括自然科学一样：这将是一门科学”① 的命题。自然和社会具有共同的基础即人的感性实践。同时，作为社会生产力现实因素的科学，既包括自然科学，又包括其他的科学。

---

① 《马克思恩格斯文集》第 1 卷，人民出版社 2009 年版，第 194 页。

3. 科学知识的类型

马克思把科学分为“作为社会发展的一般精神成果”① 的科学、“应用于生产的科学”②（工艺学）和“被资本用做致富手段”③ 的科学。

（二）国外学者关于科学技术体系结构的研究

亚里士多德、培根、圣西门、芒福德、埃吕尔、罗波尔、星野芳郎等人都对科学技术的体系结构进行了研究。对这些研究，应该用马克思主义的理论观点进行分析评价。

（三）现代科学技术的体系结构

马克思主义认识论认为，认识过程是在实践的基础上产生感性认识，然后上升为理性认识，科学技术认识属于理性认识。钱学森把科学技术认识过程，按照从实践到理论的发展过程，划分为三个层次，即：工程技术—技术科学—基础科学。基础科学是认识世界，技术科学是转化的中间环节，工程技术是改造世界。习近平将科学技术体系分为科学研究、实验开发、推广应用，“科技成果只有同国家需要、人民要求、市场需求相结合，完成从科学研究、实验开发、推广应用的三级跳，才能真正实现创新

① 《马克思恩格斯文集》第 8 卷，人民出版社 2009 年版，第 536 页。
② 《马克思恩格斯文集》第 8 卷，人民出版社 2009 年版，第 357 页。
③ 《马克思恩格斯文集》第 8 卷，人民出版社 2009 年版，第 359 页。

价值、实现创新驱动发展。”①

1. 现代科学的体系结构由学科结构和知识结构组成

学科结构由基础科学、技术科学和工程科学构成。

知识结构由科学事实、科学概念、科学定律、科学假说和科学理论构成。

现代科学的体系结构表现出现代科学的发展过程，其中学科结构形成立体的架构，知识结构各要素渗透在学科结构相对应的要素之中。基础科学、技术科学和工程科学都是系统化的知识，都会经过一个由科学事实到科学理论的形成过程。

2. 现代技术的体系结构由门类结构和形态结构组成

门类结构由实验技术、基本技术和产业技术构成。

形态结构由经验形态的技术、实体形态的技术和知识形态的技术构成。

现代技术的体系结构表现出现代技术的发展过程，其中门类结构是立体的架构，形态结构的各要素同样渗透在门类结构相对应的要素之中。实验技术、基本技术和产业技术都包含经验技能，都使用工具机器，都蕴涵了知识。

现代科学技术体系结构的研究表明，科学技术在各自的发展中，不但日益多样化和系统化，而且越来越呈现出科学技术一体

---

① 《习近平谈治国理政》，外文出版社 2014 年版，第 124 页。

化的特征。习近平高度地概括了科学技术一体化的时代特征和趋势，“工程科技更直接地把科学发现同产业发展联系在一起，成为经济社会发展的主要驱动力。”①

第三节 科学技术的发展模式及动力

一、科学的发展模式及动力

（一）马克思、恩格斯关于科学发展模式及动力的分析

1. 科学发展呈现两种趋势

恩格斯指出自然科学发展的两种形式：一种是自然科学由搜集材料与分析材料转向整理材料与综合材料，另一种是自然科学从研究较简单的运动形式转向研究较复杂的运动形式。

2. 科学发展是渐进与飞跃辩证统一的过程

马克思、恩格斯深刻认识到科学是不断发展着的，科学发展是渐进与飞跃辩证统一的过程。自然科学发展具有革命性的一面，“自然研究当时也在普遍的革命中发展着，而且它本身就是彻底革命的”②。科学是随着生产实践的发展而发展的，但科学

① 习近平：《让工程科技造福人类、创造未来》，《人民日报》2014年6月4日。

② 《马克思恩格斯文集》第9卷，人民出版社2009年版，第410页。

发展的进程并不是一帆风顺地匀速前进的，而是渐进与飞跃交替发生的辩证统一过程。在恩格斯看来，科学发展的开端是革命性的，自然研究通过革命宣告了自己的独立，“科学以意想不到的力量一下子重新兴起，并且以神奇的速度发展起来”①，在之后自然科学各部门的发展是循序的，随着生产的发展而发展，并且其过程是辩证的。不同科学领域也是不断进步和发展着的，并且它们是互相联系因而也是互相影响着的，“由于这三大发现和自然科学的其他巨大进步……总的说来也能说明各个领域之间的联系了”②。从自然科学发展史来看，每一学科都经历了渐进的累积发展和飞跃的革命阶段，而且是两种形式交替发生的。

（二）国外关于科学发展模式及动力的研究

1. 欧美科学哲学关于科学发展模式及动力的研究

逻辑实证主义按照证实原则建立了科学发展的线性积累模式，认为知识的增长是不断归纳的结果，科学的发展就是通过归纳获得的科学知识的不断增加。以波普尔为代表的证伪主义者认为，科学的发展就是否定旧的，创造新的。历史主义者库恩提出了一个具有综合性质的科学发展模式，认为科学发展是以“范式”转换为枢纽、知识积累与创新相互更迭、具有动态结构的历史过程。拉卡托斯的“科学研究纲领”科学发展模式包括硬

---

① 《马克思恩格斯文集》第 9 卷，人民出版社 2009 年版，第 427 页。
② 《马克思恩格斯文集》第 4 卷，人民出版社 2009 年版，第 300 页。

核、保护带两个部分和正、反启发法两条规则。对这些观点应该用马克思主义理论进行分析评价。

2. 日本科学论关于科学发展模式及动力的研究

武谷三男结合物理学史和自然辩证法的研究实际，提出科学发展“三阶段”理论，认为科学发展表现为现象论阶段、实体论阶段和本质论阶段三个阶段。“三阶段论”试图把科学发展的过程与科学认识的活动统一起来是日本早期自然辩证法研究最重要的理论成果之一。当然，“三阶段论”毕竟是一种传统的认识方法，有其局限性，需要不断完善。

（三）科学的发展模式及动力

1. 在纵向上，科学发展表现为渐进与飞跃的统一

科学发展的渐进形式就是科学进化的形式，主要指在原有科学规范、框架之内科学理论的推广、局部新规律的发现，原有理论的局部修正和深化等。科学发展的飞跃形式就是科学革命形式，主要指科学基础规律的新发现，科学新的大综合，原有理论框架的突破，核心理论体系的建立等。

2. 在横向上，科学发展表现为分化与综合的统一

分化是指事物向不同的方向发展、变化，或统一的事物变成分裂的事物；综合则是指不同种类、不同性质的事物组合在一起。20 世纪以来，自然科学发展的突出特点就是在高速分化的基础上的高度综合，当代产生的新兴学科大部分是边缘学科、交

叉学科，它们都兼有分化和综合的双重功能。

3. 在总体趋势上，科学发展表现为继承与创新的统一

继承是科学发展中的量变，它可使科学知识延续、扩大和加深。科学是个开放系统，它在时间上有继承性，在空间上有积累性。只有继承已发现的科学事实、已有理论中的正确东西，科学才能发展，不断完善，继续前进。只有在继承的基础上进一步创新，才能使人类对自然的认识出现新的飞跃，引起科学发展中的质变。创新是继承的必然趋势和目的。

二、技术的发展模式及动力

（一）马克思、恩格斯关于技术发展模式及动力的分析

1. 社会需要是技术发展的重要推动力

"科学的产生和发展一开始就是由生产决定的"，① "社会一旦有技术上的需要，这种需要就会比十所大学更能把科学推向前进"。②

2. 技术体系内部发展的不平衡

从各生产部分的分工看，近代技术体系包括纺织部门、蒸汽机械的制造部门等。单从棉纺业来看，就有纺纱机、织布机、印花机、漂白机、染色机等。相应地，棉纺业的革命又引起分离棉

---

① 《马克思恩格斯文集》第 9 卷，人民出版社 2009 年版，第 427 页。

② 《马克思恩格斯文集》第 10 卷，人民出版社 2009 年版，第 668 页。

花纤维和棉籽的轧面机的发明，进而社会生产过程的一般条件即交通运输工具的革命成为必要。

3. 科学对技术的先导作用

“机器生产的原则是把生产过程分解为各个组成阶段，并且应用力学、化学等等，总之应用自然科学来解决由此产生的问题。”① 这样，整个生产过程不再是“从属于工人的直接技巧，而是表现为科学在工艺上的应用的时候，只有到这个时候，资本才获得了充分的发展”②。

（二）国外关于技术发展模式及动力的研究

1. 技术自主论。主要代表人物有法国的雅克·埃吕尔和美国的兰登·温纳等人。该理论认为技术是独立、自我决定、自我创生、自我推进、自在或自我扩展的力量，它按自身的内在逻辑发展，在某种程度上不受人类控制。其基本观点包括：第一，技术是自我决定的。技术能自我发展、自我扩张、自我完善，技术的自身内在需要是决定性的。第二，技术能导致社会的变革，而经济和政治不是技术发展的条件，技术对于观念、价值和国家等来说都是自主的。第三，技术会自动选择，技术会选择人，但人不能选择技术，面对自主的技术，人没有自主性。比如，埃吕尔提出，在社会中技术的活动越少，人的自主

① 《马克思恩格斯文集》第 5 卷，人民出版社 2009 年版，第 531 页。
② 《马克思恩格斯文集》第 8 卷，人民出版社 2009 年版，第 188 页。

性和主动性就越少。[1] 技术的自主性使今天的人类不可能选择自己的命运。

2. 社会建构论。主要代表人物有荷兰的比克和美国的平齐。这一理论是将科学知识的社会建构论的研究方法应用到技术研究，认为在技术的发展过程中，社会因素起到了至关重要的作用，应当把技术作为一个社会系统，从其内部来理解技术。他们提出，“对科学的研究和对技术的研究应该也确实能够相互受益。我们尤其认为，在科学社会学中盛行的、在技术社会学中正在兴起的社会建构主义观点提供了一个有用的起点。我们必须在分析、经验意义上提出一种统一的社会建构主义方法”[2]。社会建构论的技术理论和方法论原则主要有技术设计的待确定原则、人工物解释的灵活性原则、对称性原则等。

技术自主论和社会建构论都看到了技术发展的某一方面的动力，忽视或低估了其他方面动力的作用，存在片面性。

(三) 技术的发展模式及动力

马克思主义认为，技术的发展由社会需要、技术目的以及科学进步等多种因素共同推动。

---

① 参见 Ellul J, *The technological system*, Continuum, 1980, pp. 156, 256.

② 李三虎、赵万里：《技术的社会建构——新技术社会学评介》，《自然辩证法研究》1994 年第 10 期。

1. 社会需求与技术发展水平之间的矛盾是技术发展的基本动力

任何技术，最早都源于人类的需要。正是为了生存发展的需要，人类起初模仿自然，进而进行创造，发明了各种技术。“人民的需要和呼唤，是科技进步和创新的时代声音。”① 同时，文化对技术发展具有明显的张力作用。先进的思想文化会推动技术的发展，而落后的思想文化则会制约和阻碍技术的发展，包括影响技术决策、技术研发以及技术成果的产业化各方面。

2. 技术目的和技术手段之间的矛盾是技术发展的直接动力

技术目的就是在技术实践过程中在观念上预先建立的技术结果的主观形象，是技术实践的内在要求，影响并贯穿技术实践的全过程。技术手段即实现技术目的的中介因素，包括实现技术目的的工具和使用工具的形式。技术目的的提出和实现，必须依赖于与之相匹配的技术手段。技术手段是实现技术目的的中介和保证，它包括为达到技术功能要求所使用的工具以及应用工具的方式。

3. 科学技术的交叉融合是技术发展的重要推动力

19 世纪中期以后，科学走到了技术的前面，成为技术发展的理论向导。科学革命导致技术革命，技术发展对科学进步的依

---

① 《习近平谈治国理政》第 2 卷，外文出版社 2017 年版，第 272 页。

赖程度越来越高，技术已成为科学的应用。尤其是当今社会的发展，日益形成了科学技术一体化的双向互动过程。针对当代科学技术交叉融合的趋势，习近平既强调基础研究的重要性，“基础研究是整个科学体系的源头，是所有技术问题的总机关”,[①] 又充分肯定工程科技交叉融合的重要意义，“信息技术、生物技术、新能源技术、新材料技术等交叉融合正在引发新一轮科技革命和产业变革。”[②]

思考题：

1. 如何理解18、19世纪科学技术发展与马克思、恩格斯科学技术思想产生的关系？
2. 怎样认识马克思、恩格斯的科学技术思想在马克思主义理论体系中的重要地位？
3. 马克思、恩格斯和国外学者关于科学技术本质的分析有何主要差异？
4. 如何理解科学技术一体化的特征？
5. 为什么说科学发展表现为继承与创新的统一？

---

① 《习近平关于科技创新论述摘编》，中央文献出版社2016年版，第44页。
② 习近平：《让工程科技造福人类、创造未来》，《人民日报》2014年6月4日。

6. 怎样认识技术发展的动力？

重点阅读文献：

1. 《马克思恩格斯文集》第1卷，人民出版社2009年版。
2. 《马克思恩格斯文集》第8卷，人民出版社2009年版。
3. 《马克思恩格斯文集》第9卷，人民出版社2009年版。
4. 《习近平关于科技创新论述摘编》，中央文献出版社2016年版。
5. 习近平：《让工程科技造福人类、创造未来》，《人民日报》2014年6月4日。

第三章　马克思主义科学技术方法论

马克思主义的科学技术方法论是以辩证唯物主义立场、观点为基础，吸取具体科学技术研究中的基本方法，并且对其进行概括和升华的方法论。

马克思主义的经典作家都非常重视方法论问题。例如毛泽东这样说过，“我们不但要提出任务，而且要解决完成任务的方法问题。我们的任务是过河，但是没有桥或没有船就不能过。不解决桥或船的问题，过河就是一句空话。不解决方法问题，任务也只是瞎说一顿。”①

马克思主义科学技术方法论的核心就是辩证思维与系统思维。恩格斯指出，“对于现今的自然科学来说，辩证法恰好是最重要的思维形式”。② 习近平非常重视辩证思维与系统思维，例如，他针对顶层设计与“摸着石头过河”两种思维方法，指出把两者结合起来，才是辩证思维与系统思维，他说：“摸着石头过河和加强顶层设计是辩证统一的，推进局部的阶段性改革开放要在加强顶层设计的前提下进行，加强顶层设计要在推进局部的阶段性改革开放的基础上来谋划。要加强宏观思考和顶层设计，

---

① 《毛泽东选集》第 1 卷，人民出版社 1991 年版，第 139 页。

② 《马克思恩格斯文集》第 9 卷，人民出版社 2009 年版，第 436 页。

更加注重改革的系统性、整体性、协同性，同时也要继续鼓励大胆试验、大胆突破，不断把改革开放引向深入。”① 这段关于改革的观点，从方法论的视角看，就是把辩证思维和系统思维完整表述的经典，也是适用于科学研究的。

马克思主义科学技术方法论的基本原则就是把辩证法贯彻到科学技术研究中，将对立统一、质量互变和否定之否定的辩证思想与系统思维渗透到具体的科学技术研究中，把握具体科学技术研究的过程。马克思主义科学技术方法论的理论要素就是：分析与综合相互映照，归纳与演绎相互结合，从抽象到具体的辩证过程，历史与逻辑相互统一，整体与部分相互统一，结构与功能相互统一。

第一节 科学技术研究的辩证思维方法

科学技术研究，离不开辩证思维。分析与综合、归纳与演绎、从抽象到具体、历史与逻辑的统一，这些辩证思维的形式体现和贯彻在科学家、工程师的具体科学技术研究中。习近平非常重视辩证思维的重要作用，因此自觉地认识和提升这些辩证思维

① 《习近平谈治国理政》，外文出版社 2014 年版，第 68 页。

的形式，不仅对于科学研究有重要意义，而且对于树立马克思主义科学技术观，深入研究科学技术，建设创新型国家具有重要的意义。

一、问题意识与问题导向

做科学研究，首先要从问题出发。抓住了问题就抓住了具体与关键。习近平特别强调问题意识与问题导向，他指出："理论创新只能从问题开始。"① 习近平在《关于〈中共中央关于全面深化改革若干重大问题的决定〉的说明》中所明确提出的"要有强烈的问题意识，以重大问题为导向"的思想也适用于科学研究。以问题为导向，是科学研究的重要方法，也是辩证思维首先需要考虑的基本点。

科学研究从问题出发，是以往科学技术哲学中长期坚持的基本方法，现在需要注意将问题意识与把握机遇相结合。科学研究从问题出发，也需要抓住机会。有了问题意识，才能抓住研究问题的机遇。

二、分析和综合

（一）分析

分析是在思维中把对象分解为各个部分、侧面、属性以及阶

① 《习近平谈治国理政》第2卷，外文出版社2017年版，第342页。

段，分别加以研究考察的方法。

（二）综合

综合是在思维中把对象的各个部分、侧面、属性以及阶段按照内在联系有机地统一为整体，以掌握事物的全貌、本质和规律的方法。

（三）分析与综合

分析与综合有机结合，形成分析与综合的辩证思维，并构成了认识事物部分与整体辩证关系的完整过程，是人们思考事物、对象的必要思维方法与阶段。

在科学研究中，分析与综合是相互渗透和相互转化的。分析的目的，不仅是为了深入对象内部进行认识和实践，而且是为了在思维中综合认识对象，为在实践中变革对象打下基础；综合也需要以分析为基础，没有分析的综合不是深刻的综合。分析是研究，综合是创造。

三、归纳和演绎

（一）归纳

归纳是从个别到一般，寻求事物普遍特征的认识方法。归纳推理不是必然性推理，其结论具有或然性。在科学实践活动中，归纳是从与其情境密切相关的特定研究中得到在此情境适用的一般性结论。把归纳的结论推广到其他情境时需要注意其适用性。

（二）演绎

演绎是从对事物概括的一般性前提推论出个别性结论的认识方法。演绎推理的结论是必然性的，只要其前提正确，推理过程正确，其结论就必然正确。在科学研究中，演绎常常用在科学理论的建立和完善上。

（三）归纳与演绎

归纳是从特殊到一般的推理方法，归纳由于不是必然推理，单纯运用归纳就会遇到“归纳问题”。演绎是从一般到特殊的必然推理方法，但是单纯运用演绎，无法推进科学实践的新发现、新发明。把归纳与演绎结合起来，形成了归纳与演绎相互结合的辩证思维。归纳是演绎的基础，演绎则为归纳确定合理性和方向。归纳与演绎相互渗透、相互转化。

四、从抽象到具体

（一）抽象

抽象即从许多事物中，舍弃个别的、非本质的属性，抽出共同的、本质的属性的过程，是形成概念的必要手段。

（二）具体

具体有两层含义。第一，指感性具体，也就是人们面对客观事物本身所获得的感性表象；第二，指理性具体，即反映事物本质规定的、与科学实践结合的理论内容。

（三）从抽象到具体

就是把抽象的、内容贫乏的概念、理论赋予丰富的经验和实践内容的过程。

在辩证思维中，从抽象到具体的过程，要实现认识的两次飞跃：第一次，是从感性的现实具体上升到思维抽象的过程，是一种建立在实践基础上的经验总结提升的过程；第二次，是从科学的思维抽象逐步使抽象的理论上升到与具体实践相结合的理性的思维具体的过程，是把抽象的概念和理论再返回科学实践，赋予理论具体内容的过程。

五、历史和逻辑的统一

（一）历史

历史思维和历史方法既是一种过程研究方法，也是一种重要的辩证思维，是一种重视历史过程与事物演化的思维方式。习近平曾经指出："历史是最好的教科书，也是最好的清醒剂。"① 他还指出："历史、现实、未来是相通的。历史是过去的现实，现实是未来的历史。"② 这些思想和观点对于指导和深化科学家与工程师加强科学技术研究与开发创新思维能力建设也具有重要意

① 习近平：《在纪念全民族抗战爆发七十七周年仪式上的讲话》，《人民日报》2014 年 7 月 8 日。

② 《习近平谈治国理政》，外文出版社 2014 年版，第 67 页。

义，并且与科学研究中需要关注学科发展的历史与演化，以汲取思想，进行创新的历史方法一脉相通。

科学技术研究需要掌握具体的研究过程、概念演变史、学科史和前人研究方法，从而形成创新性科学研究的背景。

（二）逻辑

逻辑是按照理性要求制定的思维规则和形式，它以抽象为基本特征，通过对事物的具体形态和个别属性分析思考，揭示出事物的本质特征，形成概念并运用概念进行判断和推理来概括地、间接地反映现实。逻辑思维的基本形式是概念、判断、推理。逻辑思维凭借科学的抽象揭示被人类建构的事物的本性，具有自觉性、过程性、间接性和必然性的特点。逻辑思维常被称为“抽象思维”，是抽象的基本形式。

（三）历史与逻辑的统一

历史与逻辑相统一的方法，是研究事物发展规律的唯物辩证思维方法之一。这一方法要求在认识事物时，要把对事物历史过程的考察与对事物内部逻辑的分析有机地结合起来。逻辑的分析应以历史的考察为基础，历史的考察应以逻辑的分析为依据，以达到客观、全面地揭示事物的本质及其规律的目的。历史和逻辑的统一，不仅仅是历史方法和逻辑方法的关系，更重要的是，它是构建科学技术理论体系和实践活动的规定性或原则。科学技术历史实践是逻辑思维形成和发展的基础，确定逻辑思维的任务和方向。科学技术历史实践的发展促进感性经验的增加使逻辑思维逐步深化和发展。

在思维中坚持历史与逻辑的统一，要求：（1）思维的逻辑进程与客观的历史进程相统一。事物的历史从哪里开始，思维的逻辑进程也应当从哪里开始；以历史起点为逻辑起点，以历史的进程为逻辑的进程，按照历史发展的必然性来具体地、历史地揭示事物的发展规律。（2）思维的逻辑进程与思维的历史进程相统一。思维的逻辑进程是对思维的历史进程的概括，而思维的历史进程是思维的逻辑进程的基础。思维的逻辑进程是以概括的形式再现思维的历史发展。

在科学技术研究中，注意历史与逻辑的统一，可以使科学家与工程师站得更高，看得更远，既可以从横向也可以从纵向把握科学技术研究的脉络和前景；既具有理性的、缜密的思维与科学修养，也具有宏观开阔的全局视野和战略思维。

第二节 科学技术研究的创新与批判思维方法

科学技术研究需要创新，创新是科学技术研究的不竭动力和灵魂。“惟创新者进，惟创新者强，惟创新者胜。”① 要创新，就

① 《习近平谈治国理政》，外文出版社2014年版，第59页。

必须有创新思维和方法。科学研究和技术发明的创新思维，就是思维要素的辩证组合与重新配置。

科学技术研究的创新除了表现为运用规范性的辩证思维形式之外，还体现为收敛性与发散性、逻辑性与非逻辑性、抽象性和形象性的对立统一等辩证思维特征。在这些具有对立方向的特性之间保持张力是创造性思维的典型特征，也是创新思维方法的典型特征。

批判性思维，是检验各种主张和论据，并判定哪些思考具有优点，哪些思考不具备优点的过程和思维方式。批判性思维是近年来国际学界特别提倡的思维方法。它的特点是探究和提出探究性问题。

事实上，创新不仅需要创造性思维，也需要以批判性思维去评估和检验其创新过程的思考是否可行、科学。所以创新思维与批判性思维在创新过程中是互补的思维方法。

一、思维的收敛性与发散性

（一）收敛思维特性

收敛思维特性是使思维始终集中于同一方向，使思维条理化、简明化、逻辑化、规律化，收敛思维特性又称“聚合思维”“求同思维”或“集中思维”特性。收敛思维志在取得结果。

（二）发散思维特性

发散思维特性是指从一个目标出发，沿着各种不同的途径去思考，探求多种答案的思维特性，与收敛思维特性相对。发散思维特性又称“放射思维”“求异思维”或“扩散思维”特性。发散思维特性是创造性思维最重要的特点之一。

（三）思维的收敛与发散

只发散，不收敛，劳而无功；只收敛，不发散，难有创造。只重视其中一个，便可能走向形而上学思维。若把两者有机结合起来，则具有辩证思维的特点。两者是对立的统一，具有互补性，不可偏废。需要在两者之间保持思维的张力，在收敛中注意发散，在发散中注意收敛。

二、思维的逻辑性与非逻辑性

（一）创造性思维的特性

创造是科学研究和技术发明最重要的特性之一。创造性思维不是在所有辩证思维和科学研究方法之外的独立的一种思维形式或方法，是能够提出创见的思维，与一般性思维相比，是在思维特征方面不刻板，组合各种思维、灵活调用各种思维的特性。

创造性思维的特点是思维方向的求异性、思维结构的灵活性、思维进程的飞跃性、思维效果的整体性、思维表达的新颖性等。

创造性思维特别注重逻辑思维与非逻辑思维的辩证统一、抽象思维与形象思维的辩证统一。

（二）创造性思维的逻辑性

创造性思维的逻辑性，是指创造性思维过程中的演绎、类比推理、归纳等。在逻辑思维方面，类比推理在科学发现与创造方面的作用很大。

类比推理是根据两类对象之间在某些方面的类似或同一，推断它们在其他方面也可能类似或同一的逻辑思维方法。类比推理是或然性推理。类比推理常常是科学技术研究从已知跨越到未知的桥梁。

（三）创造性思维的非逻辑性

创造性思维的非逻辑思维形式主要有：联想、想象、隐喻、灵感、直觉与顿悟等。

在非逻辑思维方面，想象对于科学发现和技术发明的作用很大。直觉和顿悟在创造成果突现方面尤其突出。

想象，是对过去存储在大脑中的知识、经验、方法进行重新组合的思维活动，它可以把这种大脑中的知识、方法的暂时思维组合，与现存研究对象通过某种形式关联起来，形成新的联想。爱因斯坦认为，想象力比知识更重要。想象常常触发“灵感”，帮助人们作出科学发现和技术发明。

非逻辑思维开拓思路，逻辑思维整理思路，完成创新的理性建构。在非逻辑思维之前也有逻辑思维（如比较、分类、归纳等），为非逻辑思维作了铺垫准备。

三、思维的直觉与顿悟特征

直觉与顿悟思维是两种创造性很强的非逻辑思维特性。

（一）直觉

直觉是指不以人类意志控制的特殊思维特性，它是基于人类的职业、阅历、知识和本能存在的一种思维特性。直觉具有直接性、迅捷性、或然性等特性。

（二）顿悟

顿悟是创造性思维的一种特性和状态，指当思考某个问题长期得不到解决时，在某种时刻突然获得解决问题的豁然开朗的状态。顿悟有突发性、诱发性、偶然性、极度快乐或豁然开朗等特性。

四、思维的批判性

思维的批判性，即以批判性思考的方式质疑和评估思考过程与结果。批判性思考的最重要技巧之一，即提问探索性问题。非批判性思考在别人陈述想法和观点时，常常会轻易接受，不假思索；而批判性思考则会质疑这些陈述和观点的准确性，追问这些陈述和观点背后隐藏的含义，扩展这些问题的深度和广度。

思维的批判性，要求研究者把思考建立在负责任的态度上，而不是最初印象或感觉的基础上。

批判性思维的特征，就是努力认识到许多我们固有的观念都可能有错，需要对思维、已有研究结论和我们研究的过程作出实践、逻辑的检验，在形成立场、观点时，在观察、探究和形成判断时，在形成有说服力的表述时，识别和避免思维中常见的谬误。

五、移植、交叉与跨学科研究方法

移植和学科交叉或跨学科的研究方法，是创造性思维的两种非常有效的研究方法。当代科学研究和技术发明变得越来越复杂，进行移植与交叉，通过多学科或跨学科的研究，常常能够获得单一学科研究无法获得的创新成果。多学科融合或通过跨学科研究问题也是当代科学和技术解决问题的创造性方法，体现了广泛联系和发展的辩证法。

（一）移植方法

所谓移植，即把在其他学科中已经运用的方法或研究方式移到要研究的新领域或新学科中，加以运用或加以改造后的研究方法。

移植方法包括：概念移植、对象移植和方法或技术移植等。

（二）学科交叉方法或跨学科方法

当代各门科学之间的交叉性越来越凸显，通过学科的交叉往往可以获得新的认识，带来创新。学科交叉成为一种新的思考方式和研究方法。

1. 所谓学科交叉方法，就是在面对同一研究对象时，以两门或两门以上的学科方法去思考和研究对象，从不同学科的角度进行对比研究的方法。学科交叉强调的是借鉴其他学科的研究，思考本学科的问题和对象，以达到对研究对象的新认识。

2. 所谓跨学科方法，就是跨越学科界限，通过多学科的协作共同解决同一问题的方法，跨学科也是一种多学科融合的方法，也可以称为多维融贯的方法。

（三）社会认识辩证方法

运用于自然科学或科学技术的若干方法，也可以在适当条件下，移植成为社会认识的辩证方法。如马克思主义的科学技术方法论最顶层的辩证思维方法和系统思维方法，在一定条件下，一定语境中都可以移植到社会认识上。如复杂性思维运用于当代社会，数学建模运用于大数据的社会研究方面。算法改进与人工智能对于现代社会的影响等。

然而，社会认识辩证方法的独特之处，是如何处理好说明与解释的关系，如何处理好人及其社会关系这一复杂系统变量的解释，如何处理客观性与以人为本的辩证关系，这是社会认识辩证方法的最重要问题。这至少是目前社会认识辩证方法的独特性。

第三节　科学技术研究的数学与系统思维方法

恩格斯指出，“数学：辩证的辅助手段和表达方式”。① 数学方法是一种关注事物的形式和抽象结构的思维和科学方法，它抽象地表达事物的空间关系与数量关系。数学方法与数学思维，是一种把不确定性尽量转为确定性的方法，是追求精准思维的具体方法。精准思维不仅追求一种数学化的精确性，而且是一种兼具理论与务实的思维方式，它强调具体和准确，要求研究精准、分析精准。

系统思维是把事物视为系统来处理的思维方法。系统思维是一种整体性和关联性很强的思维方法。习近平特别注重系统思维，在关于如何推进改革的认识时，他指出，“统筹谋划深化改革各个方面、各个层次、各个要素，注重推动各项改革相互促进、良性互动、协同配合”。②

---

① 《马克思恩格斯文集》第 9 卷，人民出版社 2009 年版，第 401 页。

② 《习近平关于全面深化改革论述摘编》，中央文献出版社 2014 年版，第 44 页。

在大数据与智能认知的时代，数学与系统思维方法的重要性尤为凸显。

一、数学方法及其对于精准认识事物的作用

数学方法是所有成熟的数理科学的基本研究方法之一。

数学方法注重抽象、模型化，是我们可以把自然研究对象高度抽象、转化为人工模型，抽象其中因果关系的基本方法。数学方法包括多种形式，如数学方程方法、数学建模方法、数学统计方法、数学实验方法，等等。数学方法对于精准认识事物和研究对象有重要意义。

（一）数学方程方法

方程是一种把事物的关键关系抽象出来，建立某种关于事物的数学模型的方法。例如，洛特卡-沃尔泰拉方程，抽象地描述了捕食者与被捕食者的关系，让人们理解了在一定条件下特定生态系统的运行。

（二）数学建模方法

模型是科学抽象的一种，是科学家考察和介入自然事物的中介与桥梁。数学在建模方面具有重要作用，数学模型比实物模型更能够反映事物内在属性的抽象关系。

（三）数学统计方法

统计方法是人类对事物总体数量、类型及其关系的认识方

法。统计方法在统计资料的基础上来研究搜集、整理和分析统计资料的方法。数学统计方法对于认识事物总体状况、分布状态及其相互关系有重要意义。

(四) 数学实验方法

数学实验是把计算机技术和数学方法结合起来，在计算机上以数学方法设计实现的理想实验。数学实验方法有助于人类更加精确和在整体上认识事物内部要素和事物之间的理想关系。数学实验方法丰富了实验的概念，扩展了实验的内容，是一种理想化的数学实践。

二、系统方法及其作用

系统方法是指 20 世纪 40—90 年代出现的系统科学所采用的一系列方法的总和，这些方法对于从横断方面抽象认识对象的物质结构、能量流动和信息传递有重要的作用。系统思维在当代社会与科学技术研究中变得越来越重要。

(一) 系统分析与系统综合方法

1. 系统分析：是对系统进行分解，对其要素进行分析，找出解决问题的可行方案的思维与思考方法。

2. 系统综合：是把研究、创造和发明对象看作是系统综合整体，并对这一系统综合整体及其要素、层次、结构、功能、联系方式、发展趋势等进行辩证综合的考察，以取得创造性成果的一种思维方法。

系统综合是与系统分析相反的逆向思维方法。系统综合强调从系统整体出发，综合和分析同步进行，以综合统摄分析；强调从部分与整体的相互依赖、相互结合、相互制约的关系中揭示系统的特征和规律。

（二）硬系统与软系统方法论

硬系统分析，主要运用于问题确定、任务范围完全确定的情境，属于科学研究与工程技术的方法论。它有一套明确的规则与方法，适用于完全可以用技术手段操作的问题。

软系统分析，主要运用于问题不够明确、任务范围无法完全确定的情境。

软系统方法论认为，软问题是指在现实世界中的人类活动所表现出来的有关的不能精确定义、无法精确说明的问题。软系统方法论采取现实与模型对应的方式，直到较为满意地解决问题为止。

（三）反馈与控制方法

1. 反馈：本为控制论的基本概念，指将系统的输出返回到输入端并以某种方式改变输入，进而影响系统功能的过程。反馈可分为负反馈和正反馈。

反馈方法是指运用反馈概念去分析和处理问题的方法，是一种以结果反过来影响进一步产生事物或原因的思考方法。

2. 控制：是指对事物起因、发展及结果的全过程的一种把握，能预测和了解并决定事物的结果。

控制方法有多种具体形态。控制方法的核心是一种在系统视野中如何处理好控制主体与控制客体的辩证关系。运用控制方法对复杂对象进行研究时，是对其控制流程加以综合性的考察，是以事物的系统要素、结构和功能关系的立场观察事物。

（四）信息方法

1. 信息方法：是运用信息的观点，把系统的运动过程看作信息传递和信息转换的过程，通过对信息流程的分析和处理，获得对某一复杂系统运动过程的规律性认识的一种研究方法。

2. 信息方法的优点：是不割断系统的联系，通过流经系统结构的信息，考察系统的结构和功能以及变化发展，用联系的、全面的、功能化的观点去综合分析系统运动过程。

三、复杂性思维及其方法

（一）复杂性思维

复杂性思维是 20 世纪 90 年代以后伴随复杂性科学兴起而与简单性思维相对的思维方式。复杂性思维把事物本身的复杂性特征凸显出来，让人们更加认识到事物发展的复杂性状态和性质，考虑问题的多样性。复杂性思维在更高的层次上体现了当代马克思主义的辩证思维，在科学上以多样性、相关性和整体性为主要特征。复杂性思维在面对当代大数据和云计算处理特征时，具有更强的思维优越性。

（二）复杂性方法

复杂性方法是近年来在系统科学研究基础上兴起的新系统方法，它在借鉴传统科学方法的基础上，既注重事物的复杂性特征，也注意事物的矛盾演化，以辩证法为理论取向的一种方法。复杂性方法是一种综合的方法，侧重把定性判断与定量计算、微观分析与宏观分析、还原论与整体论、科学推理与哲学思考结合起来。

复杂性方法着重从如下特性考察事物：

1. 自组织性：强调事物的自组织演化特性，在对研究对象进行认识与控制时，注意事物的自我发展演化的特性，不过分和直接干预对象的演化。

2. 多样性：注意从多个侧面认识和把握对象；注意对象的多样性关系；注意事物的多样性联系。

3. 融贯性：在科学研究中把对事物的历史考察和逻辑认知统一起来，把多样性与统一性联系起来，把整体与部分统一起来，进行连贯、系统的认识。

4. 整体性：首先把事物作为整体考察，力图超越还原论，从事物的整体出发，认识事物的存在、演化的复杂规律与特性。

5. 协同性：在进行科学研究时，注意研究对象各个方面的协同研究，这是科学研究的内在要求，也是科学管理的重要方法。

6. 相关性：在对事物进行研究时，注重事物内部的各种因素的关系分析，注重事物与环境的关系分析，注重事物的核心因素与大量因素相互作用的关系分析，近年来兴起的大数据方法实际上是复杂性方法的一种。

复杂性方法也是集多学科或跨学科的多维融贯的方法。

马克思主义高度重视复杂性思维及其方法。

四、战略性思维及其方法

（一）战略性思维

战略性思维是对战略科学家的思维要求。同时对于一个从事一般科学研究、技术发明和工程建设的科学家也有重要意义。习近平非常重视战略性思维的重要作用与深刻意义，是其提出的"六大思维"之一，战略性思维对于科学研究而言，非常重要。

战略性思维是高瞻远瞩、统揽全局、善于把握事物发展总体趋势和方向的思维方法，展示的是看问题的高度和深度。古人讲："不谋万世者，不足谋一时；不谋全局者，不足谋一域。"科学家与工程师有没有战略性思维、具有什么样的战略性思维，一定程度上决定着在中国特色社会主义伟大事业中的科学技术研究能登多高、能走多远、将抵达何处。战略性思维能力的强弱，取决于思考问题的高度、理论研究的深度、知识视野的广度，以及对于科学技术发展全局的时间跨度的认识与把握。

对于国家而言，科学技术的总体规划是一种科学技术研究的战略，战略科学家需要掌握国家科学技术的基本战略，按照国家需要，结合自己及其研究团队的研究确定科学研究方向。

（二）战术性思维

战术性思维，是在科学技术研究中的策略与战术研究方法。是指在具体操作层面，一定要具体问题具体分析，一定要细致。相对科学研究的战略而言，战术是一种如何展开科学研究的方法。

（三）战略与战术相互结合与统一

有创造性和大局观的科学家、工程师，在科学研究中，一定会注意把战略与战术结合起来，运用系统思维，综合考虑，进行科学技术的研究。仅有科学技术研究的战术思维或策略，可能站不高，看不远，缺乏对于所从事的研究在科学研究的总体布局中位置的认识；仅有科学技术研究的战略眼光，而缺乏研究的战术或策略考虑，则无法具体展开科学研究；把战略与战术结合起来，把战略科学家与战术科学家结合在一个队伍里，才能真正推动科学技术研究的良好展开。

（四）顶层设计

对于科学研究而言，顶层设计是一种在理论与实践相结合的科学研究中重要的战略性方法论。所谓顶层设计是一种最高层次的思考，是力图在最高层次上寻求问题解决之道。它采取的是自上而下的办法解决科学研究中遇到的深层矛盾，对于科学研究的长远发展，具有重大的指导意义。习近平提出，“必须在深入调查研究的基础上提出全面深化改革的顶层设计和总体规划，提出改革的战略目标、战略重点、优先顺序、主攻方向、工作机制、推进方式，提出改革总体方案、路线图、时间表”,① 这一思想方法论对于科学研究中的战略研究有指导意义。

第四节　科学技术活动的方法

科学技术研究的基本目标是发现、发明与创造，科学实践是科学技术活动中最基本的和最基础的活动。以往的西方科学哲学以一种“理论至上”的观点看待科学，把科学主要看成一种理论体系，而不是活动，割裂了科学和技术的联系，不仅在很大程度上扭曲了科学的形象，而且贬低了技术在整个科学技术中的地

① 《习近平关于全面深化改革论述摘编》，中央文献出版社 2014 年版，第 32 页。

位与作用。马克思主义特别强调实践，科学实践是人类实践的重要内容之一。

一、科学实践的方法

科学实践的基本方法有科学观察、科学实验和科学仪器的运用。其中涉及观察、实验与理论的辩证关系，涉及研究主体、工具与研究对象，以及与研究环境的复杂关系。

（一）科学观察

1. 科学观察：它是人们有目的、有计划地感知和描述处于自然状态下的客观事物、获取感性材料的基本手段。

2. 科学观察的基本特点：它是一种有理性目标的感性活动；它是一种有目的、有计划的活动；它是对于自然状态下客体的感知过程，它不干预自然状态下的研究对象。

科学观察有很多种类。

（二）科学实验

1. 科学实验：它是科学研究者依据一定的科研目的，用一定的物质手段（科学仪器和设备），在人为控制或变革客观事物的条件下获得科学事实的基本方法。

科学实验中既有观察的内容与任务，也有介入自然对象的可控实践任务。它不仅提供观察资料，也为理论的发展提供基础和导引。实验是科学介入世界的重要手段和工具。

2. 科学实验的特性：科学实验可以纯化和简化观察对象，强化对象及其条件，具有可重复性，可以模拟研究对象的属性及其变化过程，可以较为经济可靠地认识和变革被带入实验室的“自然对象”。

（三）机遇在科学发现中的意义

在科学观察和科学实验中要注意机遇的作用。科学研究有许多意外发现。在科学研究中能够通过意外事件把握机会而导致科学上的新发现，称为机遇。把握机遇是一种科学研究的创造性能力。

（四）观察、实验方法与理论的关系

1. 观察。逻辑经验主义的科学哲学认为观察是中性的，理论依赖观察，而观察不受理论制约。之后观察渗透着“理论”的观点曾经在西方科学哲学的发展历程中一度成为主流观点，并且带来了逻辑实证主义的衰落。

2. 实验。新近发展起来的科学实验哲学提出，实验有自己独立的生命，以反对实验完全负载理论的极端观点。

3. 马克思主义的科学方法论，借助现代科学研究，吸取现代科学哲学发展中积极的成分，提出了观察、特别是实验和理论有双向相互作用的观点，实际上，这就是要注意理论联系实际，同时努力减少先入之见对于客观观察与实验的影响；在科学发展中，实验相比理论，实验的实践性更强，因而具有更为基础的地位；实践比理论总是更为积极和活跃，实验的新发现不断推动理论的进步，修正理论，指引理论的发展；同样，理论一旦建立，就规范着实验，为实验的设计提供理论框架和指导，使得实验更具有理性的色彩。

（五）科学仪器的作用

1. 科学仪器、工具和设备对于科学技术发展有重要的推动作用。在进行科学实验时，科研之成败决定于探测实验方法及仪器设备的研制。马克思把使用什么劳动资料进行生产称为划分经济时代的指示器，反映了马克思主义对于物质性工具的重视。科学仪器是科学技术发展的“倍增器”“指示剂”和“先行官”。

2. 马克思主义高度重视物质性的科学实践。其中科学仪器有突出的地位。近年来，西方科学哲学中开始出现了重视科学实践的倾向，推进了人们对于科学仪器在科学研究活动中的作用的认识，提升了科学仪器和工具在科学认识论上的地位。这些发展丰富了马克思主义科学技术观和方法论的实践观点。

（六）科学实验室与人工自然

实验室不仅仅是科学家的研究空间。科学实验室的实践对于科学研究有如下作用：

1. 建构特定的微观人工世界。科学家通过实验室，构建了一个特定的人工简单化“世界”，从而规避了现象本性所包含的巨量的复杂性。

2. 隔离和突出研究对象。它把外部的任何可能的影响都隔离开来，并且把建构现象中的若干要素突出出来。

3. 操纵和介入。建构这样的一个在实践上被隔离开来的微观世界的目的，是为了能够以特定的方式操纵它。科学家有意地引入一个人工微观世界，让事件在实验室里运动。在实验室里，科学家不是袖手旁观者，而是行动者、参与者和实践者。他们的科学研究方式不仅是“看”，更重要的是“做”。

4. 追踪微观世界。追踪实验涉及从最初的建构到对整个实验进程实施的全程控制。通过追踪，实验室的微观世界的种种事件才能变成可观察的现象。

二、技术活动的方法

技术活动方法是人类在技术发明等活动过程中所使用的各类方法的总和。马克思主义极为重视技术活动及其意义。马克思在写作《资本论》时曾经大量和深入地研究了技术史和工艺过程，并且把科学技术在人类历史上的发明称为推动历史前进的火车头。通过对人类技术发明等活动的历史与现实的总结，形成了今天的马克思主义技术活动方法论。

（一）技术思维及其特点

技术思维是工程师进行技术活动的思维。

与科学思维相比，技术思维的特点有：

1. 科学思维更关注普遍性，技术思维更关注可行性。

2. 科学思维更关注创造性，技术思维更关注价值性。

3. 科学思维没有限制，可以任凭思维跳跃发展；技术思维是限制性思维，是在已经有了原理的基础上思考如何通过现有条件或改造条件从而实现它。

4. 技术思维是联系性思维，它一方面要连通科学的理论，另一方面要联系技术的实际，是两极思维，技术思维要求“顶天立地”。

5. 技术思维也是系统思维，需要考虑多方面的协同、整体要求。

（二）技术活动的方法

有多种多样技术活动的方法，其主要核心是研究技术活动的不同阶段、过程和方面，以及如何实现技术活动目标。

技术活动的方法主要包括：

1. 技术构思方法

技术构思是指在技术研究与开发中，对思维中考虑的设计对象进行结构、功能和工艺的构思。

技术构思方法包括经验方法和科学方法。技术构思的经验方法是在劳动者的直接经验的基础上，以原有技术或产品为基础，渐进地改进技术的方法，包括模仿创新和技术改制两类。技术构思的科学方法是以科学知识和实践的理论成果为基础，主要有原理推演法、科学实验提升法、模型模拟法、移植法、回采法等。

2. 技术发明方法

技术发明是创造人工自然物的方法。技术的发明是人类在自然客体的基础上，利用自然物质、能量和信息，创造出来的原本自然没有的人工创造物。

技术发明有许多种方法。目前比较流行的技术发明创造的方法主要有 TRIZ 方法。这是苏联发明家阿里特舒列尔等人通过对 10 万份专利研究归纳总结出 1 200 多种技术措施，并提炼出 40 种基本措施和 53 种较有成效的成对措施和成组措施的方法。

技术发明方法尽管多种多样，但其精髓仍然离不开辩证思维和生活实践，需要在不同方法之间保持思维的张力，才能产生有效和优化的技术发明，建构与天然自然和谐的、合理的人工自然。

3. 技术试验的方法

技术试验是在应用研究或技术开发中，对技术思想、技术设计、技术成果进行探索、考察、检验的实践活动。

技术试验与科学实验是科学技术领域中两个不同的实践活动。两者既有共性，又有区别。

4. 技术预测的方法

技术预测指对未来的科学、技术、经济和社会发展进行系统的研究，包括利用已有的理论、方法和技术手段，根据要预测的技术的过去、现在状况，推测和判断该技术发展的趋势或未知状况，确定具有战略性的研究领域，选择对经济和社会利益具有较大贡献的技术群。

技术预测的基本类型有类比性预测、归纳性预测和演绎性预测。

技术预测遇到的科学和哲学问题有一些是非常棘手的问题，如事物的发展如果是混沌类型的，如何预测？技术的长期预测是否可能？技术预测与事物的演化方式是怎样的关系？

5. 技术评估的方法

技术评估是对技术系统、技术活动、技术环境，包括技术计划、项目、机构、人员、政策等可能产生的作用、效果和影响进行测算与评价的行为，是从总体上把握利害得失，将被评估的系列技术活动的负面影响降至最低，使其活动的正面影响达到极大，从而引导技术活动朝着有利于自然、社会和技术的和谐发展的方向前进。

技术评估按照机构评估有内部评估和外部评估的区分，按照时间进程有前期、中期和后期以及事后评估的区分。

思考题：

1. 如何理解马克思主义科学技术方法论与科学研究中的具

体方法的关系？

2. 如何理解辩证思维渗透在科学研究的全部过程中？

3. 如何把握创造性思维特性？

4. 注意多学科的交叉与融贯有何方法论意义？

5. 战略性思维对于科学研究有何意义？

重点阅读文献：

1. 《深化科技体制改革增强科技创新活力 真正把创新驱动发展战略落到实处》，《人民日报》2013 年 7 月 18 日。

2. W. I. B. 贝弗里奇：《科学研究的艺术》，陈捷译，科学出版社 1979 年版。

3. 徐利治：《数学方法论选讲》，华中工学院出版社 1983 年版。

4. 埃德加·莫兰：《复杂思想：自觉的科学》，陈一壮译，北京大学出版社 2001 年版。

5. 吴彤：《复杂性的科学哲学探索》，内蒙古人民出版社 2008 年版。

第四章　马克思主义科学技术社会论

马克思主义科学技术社会论是基于马克思、恩格斯的科学技术思想，对科学技术与社会关系总的概括。科学技术对社会发展起着巨大的推动作用，社会对科学技术的发展和应用也有着重要影响。科学技术的社会功能观、社会运行观和社会治理观等，构成了马克思主义科学技术社会论的核心内容。

第一节　科学技术的社会功能

科学技术是历史发展的火车头，这是马克思主义的基本观点。科学技术推动了生产力内部各要素的变革，促进了产业结构的调整、经济形势的变化和经济增长方式的转变，实现了经济转型；变革了生产关系，增进了人类自由而全面的发展，推动人类社会进入发展的新阶段；产生了劳动异化现象，造成了工具理性的张扬以及意识形态的科学技术化倾向。我们应该以辩证的态度看待科学技术的社会功能。

一、科学技术与经济转型

（一）引发技术创新模式的改变

习近平指出："科技是国家强盛之基，创新是民族进步之魂。"① 技术创新的模式概括起来有两种：第一种来自经验探索或已有技术的延伸，科学对技术的作用不大；第二种来自科学理论的引导，科学成为技术创新的知识基础。在第二种模式中，科学技术是第一生产力。

马克思指出："资本是以生产力的一定的现有的历史发展为前提的——在这些生产力中也包括科学。"② "在固定资本中，劳动的社会生产力表现为资本固有的属性；它既包括科学的力量，又包括生产过程中社会力量的结合，最后还包括从直接劳动转移到机器即死的生产力上的技巧。"③ 他又说，科学"是人的生产力的发展即财富的发展所表现的一个方面，一种形式"④。他还曾断言，"劳动资料取得机器这种物质存在方式，要求以自然力来代替人力，以自觉应用自然科学来代替从经验中得出的成

---

① 习近平：《在中国科学院第十七次院士大会、中国工程院第十二次院士大会上的讲话》，人民出版社 2014 年版，第 3 页。

② 《马克思恩格斯文集》第 8 卷，人民出版社 2009 年版，第 188 页。

③ 《马克思恩格斯文集》第 8 卷，人民出版社 2009 年版，第 206 页。

④ 《马克思恩格斯文集》第 8 卷，人民出版社 2009 年版，第 170 页。

规”。[1]“劳动生产力是随着科学和技术的不断进步而不断发展的”。[2]“生产力的这种发展，最终总是归结为发挥作用的劳动的社会性质，归结为社会内部的分工，归结为脑力劳动特别是自然科学的发展”。[3]

马克思把科学看作是生产力的“知识形态”，应用于生产中能够大大提高生产力水平，推动人类物质生产迅猛发展。马克思认为，当机器大工业生产方式建立后，第一次使自然科学为直接的生产过程服务，第一次产生了只有科学才能解决的实际问题，第一次达到使科学成为必要的那样一种规模，第一次把物质生产变成科学在生产中的应用。

马克思的“科学是生产力”思想具有重大意义，它打破了以往“科学与经济、生产无关”的传统观念，揭示了科学与经济、生产的紧密关联，为人们更好地发挥科学的生产力功能提供了思想基础，也为近代技术科学化的演化趋势所印证。

（二）推动生产力要素的变革

科学技术作为第一生产力，是通过劳动者素质的提高、劳动手段的强化和劳动对象范围的扩大以及生产劳动的管理完善实现

---

① 《马克思恩格斯文集》第5卷，人民出版社2009年版，第443页。
② 《马克思恩格斯文集》第5卷，人民出版社2009年版，第698页。
③ 《马克思恩格斯文集》第7卷，人民出版社2009年版，第96页。

的。科学技术促进整个生产力系统的优化和发展，导致社会生产体系的结构性调整和变化，成为经济增长的内生变量。习近平指出："随着要素质量不断提高，经济增长将更多依靠人力资本质量和技术进步，必须让创新成为驱动发展新引擎。"①

（三）促进经济结构的调整

1. 升级产业结构。原有产业部门得到改造，新的产业部门和朝阳产业开始出现，第三产业的比重迅速上升，而第一产业和第二产业的比重减小。

2. 改变经济形式。新的经济形势，如信息经济、知识经济、网络经济、生物经济等开始出现，成为新的经济增长点。

3. 转变经济增长方式。高消耗、低产出、高污染的粗放型经济，逐渐被低消耗、高产出、低污染的集约型经济代替。生态经济、循环经济、低碳经济等被提出并得到贯彻实施。

科学技术对经济转型的推动作用意义重大。党的十八大报告围绕"大力推进生态文明建设"，提出了四大重点任务：第一，优化国土空间开发格局；第二，全面促进资源节约；第三，加大自然生态系统和环境保护力度；第四，加强生态文明制度建设。② 在这四项任务中，前三项任务的完成都与"推动科学技术

① 《习近平谈治国理政》第2卷，外文出版社2017年版，第231页。

② 参见《中国共产党第十八次全国代表大会文件汇编》，人民出版社2012年版，第36—37页。

进步，实现经济转型”紧密相关。

二、科学技术与社会变迁

（一）变革和调整生产关系

习近平指出：“重视科技的历史作用，是马克思主义的一个基本观点。”① 在马克思看来，科学技术是一种在历史上起推动作用的、革命的力量。马克思意识到，作为强大精神力量的科学技术，能够促进人类思想的解放，在产业革命的基础上推动社会变革，对社会生产关系产生巨大影响。“火药把骑士阶层炸得粉碎，指南针打开了世界市场并建立了殖民地，而印刷术则变成新教的工具，总的来说变成科学复兴的手段，变成对精神发展创造必要前提的最强大的杠杆。”②“蒸汽、电力和自动走锭纺纱机甚至是比巴尔贝斯、拉斯拜尔和布朗基诸位公民更危险万分的革命家。”③ 在马克思的视野中，正是科学技术的发展引起人类社会生产力的巨大进步，推动旧的生产关系发生不可逆转的变化，直接参与到不可阻挡的人类历史发展进程当中，为资本主义制度的建立创造条件。

发生于20世纪的现代科学技术革命，是以现代科学革命和

---

① 《习近平关于科技创新论述摘编》，中央文献出版社2016年版，第23页。
② 《马克思恩格斯文集》第8卷，人民出版社2009年版，第338页。
③ 《马克思恩格斯文集》第2卷，人民出版社2009年版，第579页。

新技术革命为标志的。这有力地促进了资本主义生产关系的再调整：多种所有制形式并存，既有国有经济，又有国、私共有经济和跨国经济，既有私营经济，又有国有企业、跨国合营企业和合资企业；劳动者队伍整体素质提高，白领阶层开始出现；社会收入分配差距呈缩小趋势；资本主义社会经过自由竞争—私人垄断—国家垄断后，已发展到国际垄断阶段；科学技术的政治功能得到加强，网络民主开始凸显。

（二）推动人类社会走向新的发展阶段

一些未来学家如托夫勒、贝尔、奈斯比特等，从科学技术革命（很大程度上是生产力革命）所引起的社会变革出发，提出了“第三次浪潮”“后工业社会”“知识社会”“智能社会”等新的社会发展阶段学说。这有一定道理，但也有不足。

从马克思主义的观点来看，社会变革不仅包括生产力的提高，而且还包括生产关系以及上层建筑的变革；那种片面夸大科学技术的社会作用，认为社会发展是由科学技术决定的观点，是错误的。

三、科学技术与人类解放

（一）将人类从繁重的劳动中解放出来

近代以及现代科学技术革命的发生，推动产业革命的进行，使得劳动生产方式从手工化走向机械化、电气化、自动化、信息化和智能化。第一次科学技术革命，实现了劳动生产方式的机械化；第二次科学技术革命，实现了劳动生产方式的电气化；第三次科学技术革命，实现了劳动生产方式的自动化；第四次科学技术革命，实现了劳动生产方式的信息化和智能化。所有这些不仅大大延伸了人的感觉器官、效应器官，而且还大大延伸了人的思维器官，使人类从繁重的体力劳动和脑力劳动中解放出来。

（二）对人类的生活方式产生深刻影响

人类社会的生产方式和生活方式紧密关联。科学技术推动社会生产方式变革的同时，也推动着人类生活方式的不断变革。马克思认为："随着资本主义生产的扩展，科学因素第一次被有意识地和广泛地加以发展、应用并体现在生活中，其规模是以往的时代根本想象不到的。"① 人类凭借近代科学技术革命，以工业时代商品经济生活方式替代农业时代的自给自足自然经济生活方式，充分地表明了马克思上述论断的正确性。随着现代科学技术革命的进行，人类正在走向具有崭新特征的高科技生活方式，在满足人类生存需要的前提下，为实现人的自由和全面发展提供保证。

马克思指出："自然科学却通过工业日益在实践上进入人的生活，改造人的生活，并为人的解放做准备，尽管它不得不直接地使非人化充分发展。"② 马克思认为，作为人类最终走向自由

① 《马克思恩格斯文集》第 8 卷，人民出版社 2009 年版，第 359 页。
② 《马克思恩格斯文集》第 1 卷，人民出版社 2009 年版，第 193 页。

的中介的科学技术，能够作为解放的杠杆，增进人类精神生活的丰富性和自我发展能力，有助于实现人的全面、自由的发展。

四、科学技术的异化及其反思

（一）马克思劳动和技术异化理论

马克思一方面充分肯定了技术在社会中，特别是在资本主义社会发展中发挥的巨大作用，另一方面也揭示了在资本主义条件下技术的运用所产生的异化现象。他提到，在资本主义社会中，“科学对于劳动来说，表现为异己的、敌对的和统治的权力”，①“所以文明的进步只会增大支配劳动的客体的权力”。②“这种科学并不存在于工人的意识中，而是作为异己的力量，作为机器本身的力量，通过机器对工人发生作用”。③

然而，马克思并没有因此把技术本身当作罪恶之源，他认为资本主义的生产关系是技术异化现象得以产生的社会历史根源。他指出，“因为机器就其本身来说缩短劳动时间，而它的资本主义应用延长工作日；因为机器本身减轻劳动，而它的资本主义应用提高劳动强度；因为机器本身是人对自然力的胜利，而它的资本主义应用使人受自然力奴役；因为机器本身增加生产者的财

① 《马克思恩格斯文集》第 8 卷，人民出版社 2009 年版，第 358 页。

② 《马克思恩格斯全集》第 30 卷，人民出版社 1995 年版，第 267 页。

③ 《马克思恩格斯文集》第 8 卷，人民出版社 2009 年版，第 185 页。

富，而它的资本主义应用使生产者变成需要救济的贫民”。①

马克思对技术异化现象的批判，把对技术的批判与对资本主义制度的批判有机地结合起来。这既不是技术决定论的，也不是社会决定论的，对于我国现阶段科学技术应用具有重要的启发作用。

（二）法兰克福学派科学技术社会批判理论

西方马克思主义发扬马克思对资本主义批判的精神，对现代科学技术革命和现代社会进行了反思，提出了许多有价值的见解。法兰克福学派认为，现代科学技术革命在发挥正面社会作用的同时，把人变成商品的奴隶、消费的奴隶，发达资本主义社会既是“富裕社会”，又是“病态社会”，造成了畸形的、“单向度”的人；现代科学技术不是价值中立的，而是具有明确的政治意向性，作为新的控制形式，具有意识形态的功能；工具理性成为唯一的社会标准，现代科学技术成为独裁的手段。“技术理性的概念，本身就是意识形态，不仅技术理性的应用，而且技术本身就是对自然和人的统治，就是合法的、科学的、筹划好了的和正在筹划着的统治。”②

法兰克福学派如实地指出了科学技术的意识形态性，对科学

---

① 《马克思恩格斯文集》第5卷，人民出版社2009年版，第508页。

② 哈贝马斯：《作为“意识形态”的技术与科学》，李黎、郭官义译，学林出版社1999年版，第39—40页。

技术的全面认识做出了重要贡献，在一定意义上丰富了马克思主义。但是，法兰克福学派将对科学技术异化的批判转变为对科学技术本身的批判和否定，掩盖了科学技术异化现象背后的社会根源，把经济问题、社会问题转换为科学技术问题，消解了人们对资本主义社会本身的批判，偏离了马克思历史唯物主义的轨道，走向了社会批判初衷的反面。实际上，科学技术的意识形态功能并不能归咎于科学技术本身，而应该归咎于资本主义社会的资本逻辑，以及资本主义的生产关系。

第二节 科学技术的社会运行

一、科学技术的社会建制

（一）科学技术社会建制的形成

科学技术社会建制的形成有一个历史过程，与科学家和技术专家的社会角色的形成密切相关。

科学的社会建制是从创建科学学会进而组成特殊的小社会开始逐渐形成壮大的。从 17 世纪英国皇家学会以及法国皇家科学院的成立，到 19 世纪德国大学实验室制度和研究班制度的建立，再到美国大学系和研究生院制度的贯彻，科学的社会建制逐渐完善。技术的社会建制与工程教育、工程师社会角色的确立有关。

科学技术的社会建制过程是科学技术活动的制度化过程，也使科学家和工程师的社会角色最终得以确立。

（二）科学技术社会建制的内涵

所谓科学技术的社会建制，是指科学技术事业成为社会构成中的一个相对独立的社会部门和职业部类，是一种社会现象，主要包括组织机构、社会体制、活动机制、行为规范等要素。它们承载着科学技术活动的开展，并成为其发展必不可少的条件。在科学技术社会建制过程中形成与发展起来的机构有：科学技术的决策、管理与咨询机构，科学技术的活动组织机构，科学技术的传播机构，科学技术的人才培养机构，等等。

（三）科学技术的社会体制

科学技术的社会体制是其社会建制的一部分，是在一定社会价值观念支配下，依据相应的物质设备条件形成的一种社会组织制度，旨在支持推动人类对自然的认识和利用。科学技术的社会体制包括：经济支持制度、法律保障体制、交流传播体制、教育培养体制和行政领导体制等。积极推进科学技术体制改革，完善科学技术体制，使其与当代科学技术的发展规律相适应，对提高国家的科学技术水平和能力，增强综合国力和国际竞争力，具有决定性作用。

了解科学技术体制的内涵，对理解我国科技体制改革的方向和目标有重要意义。科学技术研究资源的合理配置和科学技术活动的法律保障，是科学技术体制改革的主要内容。习近平指出："要深化科技体制改革，坚决扫除阻碍科技创新能力提高的体制障碍，有力打通科技和经济转移转化的通道，优化科技政策供给，完善科技评价体系，营造良好创新环境。"①

（四）科学技术的组织机制

科学技术共同体通过一定的组织机制从事科学技术活动。随着科学技术的发展及其应用的推进，科学技术活动的主题和形式也发生了一定的变化，从而使得科研活动的组织机制相应地呈现出新的特点。

1. 从基础理论研究到基础应用研究，从个人自由探索到国家计划指导。习近平指出："我们要全面研判世界科技创新和产业变革大势，既要重视不掉队问题，也要从国情出发确定跟进和突破策略，按照主动跟进、精心选择、有所为有所不为的方针，明确我国科技创新主攻方向和突破口。"②

2. 从学院科学到后学院科学，从高校科研到"产学研"三螺旋。习近平提出："要坚持创新驱动，推动产学研结合和技术成果转化，强化对创新的激励和创新成果应用，加大对新动力的

① 《习近平关于科技创新论述摘编》，中央文献出版社 2016 年版，第 56 页。
② 《习近平关于科技创新论述摘编》，中央文献出版社 2016 年版，第 48—49 页。

扶持，培育良好创新环境。”① “要积极开展重大科技项目研发合作，支持企业同高等院校、科研院所跨区域共建一批产学研创新实体，共同打造创新发展战略高地。”② “深化科技体制改革，建立以企业为主体、市场为导向、产学研深度融合的技术创新体系，加强对中小企业创新的支持，促进科技成果转化。”③

3. 从“机械连带”到“有机连带”，④ 从传统的学术交流到网络学术交流，如创新者网络、虚拟科研组织或 e-科学等。

二、科学技术的社会支撑

（一）政治对科学技术发展的影响

政治对科学技术发展的影响主要表现在社会制度、政策体制、军事对抗以及政治理念和行为等方面。

1. 社会制度对科学技术发展的影响。一般而言，先进的社会制度为科学技术的发展提供了更大的可能性，科学技术的进步程度与其所处的社会制度的先进性成正比。越是先进的、积极

---

① 《习近平关于科技创新论述摘编》，中央文献出版社 2016 年版，第 10 页。

② 《习近平关于科技创新论述摘编》，中央文献出版社 2016 年版，第 60 页。

③ 习近平：《决胜全面建成小康社会 夺取新时代中国特色社会主义伟大胜利——在中国共产党第十九次全国代表大会上的报告》，人民出版社 2017 年版，第 31 页。

④ 瑟乔·西斯蒙多：《科学技术学导论》，许为民、孟强、崔海灵、陈海丹译，上海世纪出版集团 2007 年版，第 144 页。

的、开明的社会制度，越是有利于科学技术的发展和繁荣。

2. 政策体制对科学技术发展的影响。科学技术政策和体制决定了科学技术发展的方向、规模和速度，并对科学系统和整个社会大系统之间关系的调整有重大影响。党的十八大报告就提出，要进行科技体制改革，实施创新驱动发展战略。①

3. 军事对抗对科学技术发展的作用。战争是政治的继续，军事对抗作为最激烈的政治行为，必然成为科学技术发展的重要影响因素。

4. 政治理念及行为对科学技术发展的作用。好的政治理念及行为对科学技术的发展是起推动作用的。相反，在一个极端政治化的社会中，统治阶层往往会依据某些政治理念，评判并干涉科学技术活动，会影响科学技术的正常发展。

（二）经济对科学技术发展的影响

马克思对科学技术相关论述的一个重要特点，就是从社会的经济结构出发，揭示了社会需要是推动科学技术发展的强大动力，科学技术的发展及其应用离不开社会的支撑。马克思主义经典作家基于唯物史观，深刻地分析了科学发生、发展的历史性前提和构成性原则。马克思认为，“只有在大工业已经达到较高的阶段，一切科学都被用来为资本服务的时候……在这种情况下，

---

① 参见《中国共产党第十八次全国代表大会文件汇编》，人民出版社 2012 年版，第 20 页。

发明就将成为一种职业，而科学在直接生产上的应用本身就成为对科学具有决定性的和推动作用的着眼点”。① 在马克思看来，近代科学的产生、发展及其大规模应用，是与机器大工业和资本主义劳动方式联系在一起的，后者是前者不可逾越的社会基础。

随着“科学—技术—生产”一体化的推进，社会经济为科学技术研究提供了很大一部分课题来源，提供了科学和技术活动中的人力、物力、财力以及科学技术发展所使用的物质手段。社会的经济需求是科学技术发展的最重要推动力量，社会的经济支持是科学技术发展的最重要基础，社会的经济竞争是科学技术发展的最重要刺激因素。

（三）文化对科学技术发展的影响

科学技术的产生和发展需要一定的社会文化环境。关于此点，默顿作了相关论述。他认为，尚未体制化的科学需要以社会和文化的形式的支持。他将视野聚焦于17世纪的英格兰，通过案例分析发现：“清教的精神气质所固有的种种社会价值是这样一些价值，它们（由于基本的、用宗教术语表达并由宗教权威加以促进的功利主义倾向）导致了对科学的赞许。”②

---

① 《马克思恩格斯文集》第8卷，人民出版社2009年版，第195页。

② 罗伯特·K. 默顿：《十七世纪英格兰的科学、技术与社会》，范岱年等译，商务印书馆2000年版，第117页。

（四）教育对科学技术发展的影响

科学技术具有很强的继承性和连续性，而教育的一项主要功能就是向人们传授前人或他人所获得的科学知识和技能。教育的发展水平直接影响着科学技术的发展水平，教育的普及程度直接影响着科学技术成果在社会中的传播、消化、吸收和应用，教育的实施培养着人们的科学精神和创新精神。因此，良好的教育是科学技术发展的前提和基础；没有教育，科学技术事业就后继乏人，科学技术知识就难以传承。

（五）哲学对科学技术发展的影响

任何科学研究活动都必须运用理论思维。科学愈是向前发展，理论思维也愈益重要。一切理论思维过程——不管从事理论思维的科学家们愿意与否、承认与否、自觉与否——都要受到他们的世界观、认识论和方法论的影响。马克思主义哲学是科学的世界观、认识论和方法论，对科学技术活动有指导作用。

三、科学技术的社会规范

（一）科学共同体的行为规范和研究伦理

1. 科学共同体的行为规范。科学共同体是从事智力劳动的职业群体，是在一定的价值观念和行为规范下开展工作的，具有特殊的社会责任。英国皇家学会成立时，学会秘书长胡克在其起草的章程中明确指出，科学的目标有两层含义：其一，科学应致力于扩展确证无误的知识；其二，科学应为社会服务。由此，科学共同体的首要使命是扩展确证无误的知识，这决定了科学共同体应该要有相应的内部理想化的行为规范。1942 年，科学社会学家默顿将科学共同体内部行为规范概括为普遍主义、公有主义、无私利性和有条理的怀疑主义“四原则”，以此凸显科学所独有的文化和精神气质。

进入 20 世纪下半叶以后，科学从“纯科学”“小科学”和“学院科学”嬗变为“应用科学”“大科学”和“后学院科学”，“不发表便出局”（publish or perish），“马太效应”“分层差异”“学术行政化”，等等，都对科学共同体的行为规范产生影响，导致他们可能会为了追求个人利益最大化而违反默顿“四原则”，产生一系列学术不端行为。鉴此，需要制定相应的科研诚信指南或行为规范，来指导和规范科学共同体的科学研究活动。

2. 科学共同体的研究伦理。从研究伦理的视角看，科学共同体在科学研究中，要对研究中的个人、动物以及研究可能影响到的公众负责，遵循“公众利益优先原则”。这就要求科学共同体的科研活动符合社会伦理和动物伦理的基本要求，人体试验应该尊重人类的尊严和伦理，动物实验应该遵循动物实验伦理，科学研究应该增进人类福祉。1999 年 7 月 1 日布达佩斯世界科学大会通过并颁布的《科学和利用科学知识宣言》声明：科学促知识，知识促进步；科学促和平；科学促发展；科学扎根于社会和科学服务于社会。

（二）技术共同体的伦理规范和责任

人类、社会、自然三者的和谐发展，为技术共同体的伦理规范指明了最高目标。技术共同体的主体是工程师。工程师既是工程活动的设计者，也是工程方案的提供者、阐释者和工程活动的执行者、监督者，还是工程决策的参谋，在工程活动中起着至关重要的作用，对社会的影响巨大。正因如此，工程师在工程技术活动中，应该遵循一定的职业伦理和社会伦理准则，应该承担对社会、专业、雇主和同事的责任，应该对工程的环境影响负有特别的责任，规范自己的行为，负责任地创新，为人类福祉和环境保护服务。一些发达国家公布的工程师伦理准则明确指出，工程技术活动要遵守四个基本的伦理原则：一切为了公众安全、健康和福祉；尊重环境，友善地对待环境和其他生命；诚实公平；维护和增强职业的荣誉、正直和尊严等。

（三）新兴科学技术的伦理冲击及其应对

随着一些新兴科学技术，如生命科学技术、材料科学技术、信息科学技术、能源科学技术等的发展和应用，引发了一系列的伦理难题，如克隆人的伦理问题、基因治疗和基因增强的伦理问题、网络伦理问题、核伦理问题、人工智能问题等，需要我们运用伦理学的基本原则，结合科学技术发展应用的现状以及社会发展的需要，制定并实施切实可行的伦理规范，以更好地实现科学技术的社会价值。

第三节 科学技术的社会治理

科学技术是一把双刃剑。一方面，“未来几十年，新一轮科技革命和产业变革将同人类社会发展形成历史性交汇，工程科技进步和创新将成为推动人类社会发展的重要引擎。”① 另一方面，科学技术的发展和应用也可能产生负面影响。为此，必须以人民为中心，大力发展事关国计民生的科学技术；必须以先进的文化来引导，协调科学文化与人文文化的冲突；必须改变单纯有利于经济增长的倾向，走经济增长与环境保护双赢之路；必须客观全面评价科学技术的风险—收益，制定恰当的科学技术公共政策。

一、大力发展有关国计民生的科学技术

马克思指出，自由应该建立在非异化的技术基础之上，未来技术的社会发展目标应该是“它是人向自身、也就是向社会的即合乎人性的人的复归”②，以实现自然主义和人道主义的统一。在当代，科学技术运行的根本目的在于推进科学技术创

① 《习近平关于科技创新论述摘编》，中央文献出版社 2016 年版，第 97 页。
② 《马克思恩格斯文集》第 1 卷，人民出版社 2009 年版，第 185 页。

新，服务民生，支撑经济社会的健康、协调、持续发展，提高综合国力，以实现振兴国家的伟大目标。这体现了科学发展观的内涵。

1. 科学技术的发展和应用要为国家的经济社会发展、长治久安以及可持续发展服务。这方面要制定的发展战略包括：工业化、信息化、智能化、城市化科学技术发展战略，粮食安全、能源安全、国防安全等涉及国家安全的科学技术发展战略，资源节约、环境保护科学技术发展战略等。

2. 科学技术的发展和应用要以人为本，促进民生，推动社会的公平和公正，为和谐社会建设服务。为此，就需要建立并完善国家创新体系，大力发展有关国计民生的科学技术。在大力进行基础理论研究的同时，加强基础应用研究；在大力进行战略性基础理论研究的同时，加强战略性基础应用研究；在积极发挥科学技术经济功能的同时，加强环境技术创新等，以充分发挥科学技术的政治、文化以及环境保护的功能，实现人与人以及人与自然之间的和谐。

二、以人文文化引导科学技术文化

（一）科学技术文化与人文文化的冲突与协调

1. 科学文化与人文文化的冲突与协调。英国学者 C. P. 斯诺指出“科学文化与人文文化”这两种文化之间存在分歧与冲突，从事科学文化的人（科学家）和从事人文文化的人（如文学家）之间存在冲突。[①] 在当代，这种冲突仍然有其具体体现，需要我们在承认科学与人文、科学文化与人文文化之间的内在差异和各自功能的基础上，加强科学工作者与人文工作者之间的沟通和对话，防止科学在生活世界、自然世界对人文的僭越所造成的科学文化与人文文化之间的冲突，深刻理解科学的限度，用正确的人文理念指导我们的生活。

2. 技术文化与人文文化的冲突与协调。作为文化系统的一部分，技术文化的核心是技术理性。技术理性追求发展的物的意义，有可能遮蔽人的意义，人被异化为技术的和物的奴隶，成为“技术—经济人”；技术理性以机械世界观及其工具高效性将机械程序导入人们生活的各个层面，用机器模式形塑人们的生活模式，使人们更自觉更严格地按照机器生活方式生活；[②] 技术理性向社会各个领域的扩张过程，也是其控制自然以及入侵控制人类的过程，为西方文化的“合理化”奠定了基础。要走出技术文化的上述困境，必须以社会先进文化来引领科学技术文化，使科学技术发展和应用为经济社会健康全面发展服务。当前得到广泛

---

① 参见 C. P. 斯诺：《两种文化》，纪树立译，生活·读书·新知三联书店 1994 年版。

② 参见杰里米·里夫金、特德·霍华德：《熵：一种新的世界观》，吕明、袁舟译，上海译文出版社 1987 年版，第 13—14 页。

提倡的环境科学技术就是为了协调人与自然之间的关系所做的努力，是科学技术文化与人文文化、绿色文化的良性互动产物。

（二）女性主义、后殖民主义科学技术论

1. 女性主义科学技术论。自20世纪60年代起，女性主义者探讨科学技术史、科学哲学和科学社会学的相关问题，形成女性主义科学技术研究。研究者对科学技术领域的性别分层原因、科学技术的性别化特征以及性别建构等问题作了深入阐述，提出了许多有价值的思想。从女性主义的经验主义到立场理论，从差异女性主义到反本质主义，都对我们有很好的启示作用。

2. 后殖民科学与欠发达国家。后殖民主义的科学研究对科学的多元文化起源与欧洲中心论进行了反思，指出：地方性知识具有一定的合理性，西方科学并非唯一的科学知识，还有民族科学；西方科学的普遍性与客观性是欧洲中心主义与男性至上主义的社会建构，成为剥削殖民地国家的手段；从西方发达国家输入科学思想和技术制品会导致欠发达国家虚弱的依附性。反思扬弃这些思想，有助于深刻理解欠发达国家科学与西方科学之内涵，正确处理消化引进与自主创新之间的关系。

（三）反科学主义但不反科学

1. 科学主义与反科学主义。科学主义试图用科学的标准来衡量裁决人类的认识和生活，把一切与科学不相符合的人类认识与价值信仰看作是没有多少价值的或是错误的，把科学技术看成是解决人类一切问题的工具。[①] 这是科技乐观论和科技万能论的集中体现，应该反思批判。这种对科学主义的反思批判被称为反科学主义。

2. 不要由反科学主义走向反科学。20 世纪下半叶出现在西方学术界的“反科学思潮”，就是“反科学主义”的极端体现，表现在激进的后现代主义、“强纲领”科学知识社会学、极端的环境主义者等的相关论述中。这些观点的中心含义是：科学知识是社会建构的，与自然无关，是科学共同体内部成员之间相互谈判和妥协的结果；科学与真理无关，所有知识体系在认识论上与现代科学同样有效，应当给予非正统的“认知形式”与科学同样的地位；科学是一个与其他文化形态一样的、没有特殊优先地位的东西；西方科学的出现与西方男性统治、种族主义和帝国主义有着紧密的联系，西方科学发展了西方霸权的工具，并导致了非西方的衰落，等等。对于这些观点，应该辩证分析，加以扬弃，如果不加批判地接受，会走向科学技术悲观论甚至反科学，不利于科学技术的发展和应用。

三、建构有利于环境保护的科学技术

（一）科学技术是造成环境问题的重要原因

1. 科学的非自然性与环境破坏。科学技术学的研究表明，

---

① 参见 Mikael. Stenmark，*Scientism*：*Science*，Ethics and Religion，Ashgate Publishing Limited.

实验知识和理论知识都具有“非自然性”。[①] 科学是在干预并且建构自然对象或人造对象的过程中，获得对自然对象或人造对象的认识的，这种认识很多时候不是关于天然自然的，而是关于人工自然的，其应用于工业生产就产生出许许多多的人工物，与自然物相冲突，最终造成环境破坏。

2. 技术的座架（Ge-stell）本质与环境破坏。在环境问题的产生上，技术中性论是错误的，海德格尔对此进行了具体分析。他认为，技术不是单纯的工具和手段，而是世上万物的一种解蔽方式。古代技术的解蔽方式与艺术、科学等不但密切联系，而且相互统一，它带出“物性”，是自然状态的解蔽，反映了自然理性，是“天地神人”的四重统一体。而现代技术对自然的解蔽是通过座架进行的，座架意味着那种解蔽方式，此种解蔽方式在现代技术之本质中起着支配作用，而其本身不是什么技术因素。[②] 这是技术的本质，使得自然在这种技术的作用下处于非自然状态，失去了古代技术所包含的“诗一样的东西”，蕴藏着毁坏自然的危险。

（二）进行新的科学技术革命以解决环境问题

1. 让科学回归自然。一是以新自然观为基础，进行新的科

---

① 参见瑟乔·西斯蒙多：《科学技术学导论》，许为民、孟强、陈海丹译，上海世纪出版集团、上海科技教育出版社 2007 年版，第 202—206 页。

② 参见孙周兴编：《海德格尔选集》下卷，上海三联书店 1996 年版，第 935 页。

学革命。从自然的祛魅性走向自然的返魅性，从自然的简单性走向自然的复杂性，从自然的决定性走向自然的非决定性，从自然的还原性走向自然的有机整体性，坚持返魅性、复杂性、非决定性、整体性等方法论原则，探索与此原则相对应的具体化的研究方法，对自然的返魅性、复杂性、非决定性、整体性的方面展开研究，以获得对自然的更加全面、更加深刻、更加准确的认识。二是以大自然为研究对象，大力发展直接面对自然的科学，如农学、林学、海洋学、大气学等，真正做到向外在自然学习，发现外在自然的规律，按外在自然规律办事，达到保护自然环境的目的。

2. 从技术创新走向环境技术创新。要解决环境问题，就要改变传统技术创新目标的经济单一性，大力进行环境技术创新，如末端治理技术、清洁生产技术、生态化技术、低碳技术等，变追求经济效益的单一目标体系为追求经济效益、环境效益和社会效益相统一的多目标体系，在发展经济的同时保护环境。

要解决环境问题，贯彻绿色发展理念，就必须进行新的科学技术革命。习近平指出："绿色发展是生态文明建设的必然要求，代表了当今科技和产业变革方向，是最有前途的发展领域。"①

---

①《习近平谈治国理政》第2卷，外文出版社2017年版，第272页。

（三）环境问题的解决需要变革社会

1. 环境问题的解决需要社会各方面参与。科学技术是认识并解决环境问题的一个重要因素，没有它们，要想认识并解决环境问题是不可能的。但是，环境问题是由人类在社会活动中产生的，其解决又必须在人类的社会活动中完成，需要社会的政治、经济、文化、伦理等各层面参与。习近平指出："要坚定不移走绿色低碳循环发展之路，构建绿色产业体系和空间格局，引导形成绿色生产方式和生活方式，促进人与自然和谐共生。"①

2. 解决环境问题必须变革资本主义制度。马克思认为，"只有在社会中，自然界才是人自己的合乎人性的存在的基础"。②马克思主义者认为，环境问题的根源不在科学技术，在资本主义制度背景下，资本的逐利本性驱使技术沦为资本家牟利的工具，这是技术应用造成环境问题的根本原因；资本主义为了保持经济的增长，利用媒体广告宣传等进行"消费的生产"，迫使工业更为毫无限制地利用科学技术生产产品，导致异化消费和异化劳动，严重损害了人类赖以生存的自然生态环境，延缓了资本主义的经济危机但造成了生态危机。要从根本上解决环境问题，真正实现人与自然的和谐，就必须改变资本主义制度，把技术从资本主义生产的非理性动力中解放出来，从异化消费和异化劳动中解

---

① 《习近平谈治国理政》第 2 卷，外文出版社 2017 年版，第 243 页。
② 《马克思恩格斯文集》第 1 卷，人民出版社 2009 年版，第 187 页。

放出来。这对于我们深刻地理解资本主义社会，发现当代全球性生态危机的资本因素，树立正确的科学技术观，发展有利于环境保护的科学技术，具有重要意义。

四、科学技术的风险评价与决策

（一）加强科学技术风险评价与决策是时代需要

科学技术的运行在给人类带来巨大正面作用的同时，也带来了一系列的负面影响，有可能产生各种各样的风险，如克隆人的伦理风险、水坝和核电站的环境风险、转基因食品的健康风险、人工智能社会风险等，引发了一系列争论，造成评价和决策上的困难。这一问题需要解决。习近平指出："要加快建立科技咨询支撑行政决策的科技决策机制，加强科技决策咨询系统，建设高水平科技智库。要加快推进重大科技决策制度化，解决好实际存在的部门领导拍脑袋、科技专家看眼色行事等问题。"①

要恰当进行科学技术风险评价与决策，就应该全面评价科学技术风险—收益的多个方面，批判性地考查"内部"存有争议的科学知识或技术知识，分析相互竞争的利益集团和社会结构的"外部"政治学，理解科学技术专家知识和决策的局限性、公众理解科学的必要性以及外行知识的优势，明确政府、科学技术专

① 《习近平谈治国理政》第2卷，外文出版社2017年版，第273页。

家以及公众在与科学技术风险相关的公共决策中的不同作用，确立公众参与决策的可能方式，从而形成最优化的科学技术公共政策模式，以达到对科学技术风险社会有效治理的目的。

（二）科学技术专家知识和决策的局限性

在科学技术风险评价与决策的主体问题上，有人认为，科学是例外的，享有特殊的地位，具有特殊的品质，有关科学政策应该置于一个特定的范围，由科学技术专家进行，这就是科学例外论。它包含四个方面：一是知识论的例外论——科学获得了真理性的认识，科学是好的，政治公共体系应该接受科学家的建议，支持科学事业；二是柏拉图式的例外论——科学及其应用是复杂的和深奥的，公众无法理解，所以也就不能参与，科学政策不受民主决策控制，应交由科学家进行；三是社会学的例外论——科学具有一个能够自我管理的独特的规范秩序，科学家能够自我管理和理性批判，能够修正自身的不当和错误，能够正确决策，不需要其他决策主体如公众的参与；四是经济学的例外论——科学是为了在将来获得收益而就当前的资源进行的独特投资，是政府为了提高未来的经济劳动力所选择的最佳投资对象。① 科学例外论是错误的，应该加以批判。

---

① 参见希拉·贾撒诺夫、杰拉尔德·马克尔、詹姆斯·彼得森、特雷弗·平奇编：《科学技术论手册》，盛晓明等译，北京理工大学出版社2004年版，第424—437页。

知识论的例外论是错误的。绝大多数科学技术风险评价涉及环境、健康、政治、经济、伦理等很多方面的问题，有些属于科学技术专家的专业认识范围，有些则不属于科学技术专家的专业认识范围，单凭科学技术专家不能完全评价这些风险。不仅如此，即使对于那些属于科学技术专家的专业认识范围的科学技术风险，由于它们常常是复杂的、不确定的，科学技术专家对它们的认识也是有限的、不确定的，甚至有可能是错误的。这同时也表明柏拉图式的例外论是错误的。

社会学的例外论是错误的。科学技术专家并非是价值中立、绝对公正的，他们会为了个人利益，与企业主和政府官员共谋，成为他们的“御用工具”和代言人。

鉴此，应该恰当定位科学技术专家在科学技术风险评价与决策中的角色。国外有学者提炼出了科学家在政策与政治过程中可以选择的四种理想化的角色，即纯粹的科学家、科学仲裁者、观点辩护者以及政策选择的诚实代理人。① 对于科学技术风险评价与决策，科学技术专家应该更多地扮演“政策选择的诚实代理人”角色。

（三）公众参与评价与决策的必要性

对于需要专业知识的科学技术风险的评价与决策，普通公众对其理解确实存在一定的困难，但他们是相关科学技术研究的直接接

---

① 参见小罗杰·皮尔克：《诚实的代理人：科学在政策与政治中的意义》，李正风、缪航译，上海交通大学出版社2010年版。

受者和技术产品的使用者，直接承担科学技术风险并受到技术后果的影响，更能够从现实生活的实际出发，从社会和民众利益的角度，去感受和思考科学技术可能带来的各种影响，公众应该参与到科学技术风险的评价与决策中。而且，公众的参与对于监督科学技术专家和政府，保证决策的科学性和民主性，具有重要意义。

（四）政府主导制定恰当的科学技术公共政策

政府是制定科学技术公共政策的主体。政府官员应该意识到，科技应用虽然会带来收益，有时甚至还会带来巨大的收益，但是，很多科学技术风险具有不确定性、增殖性、潜在性、不可逆性等特征，风险一旦发生，可能对自然环境、人类健康、社会经济等产生很大影响，这是人类承受不起的。如此，经济学的例外论是错误的，不能“科学能做的就去做”，应该针对科学技术公共决策的具体情境，强调决策公共性、正当性、可归责性，明确专家、公众、政府官员的角色定位，打破垄断决策模式，将公众作为行动者和权利人引入科学技术公共政策的制定过程，形成科学、民主的决策模式，实现科学技术公共政策制定的民主化。

思考题：

1. 为什么说“科学是一种在历史上起推动作用的、革命的力量”？

2. 如何看待科学技术对人的异化和对自然的异化?
3. 科学技术的社会体制和组织机构对科学技术的发展有何意义?
4. 为什么要对科学技术工作者进行伦理规范?
5. 如何理解科学技术文化与人文文化之间的冲突与协调?
6. 科学技术的风险有哪些? 如何恰当地进行科学技术风险评价与决策?

重点阅读文献:

1. 丹尼尔·贝尔:《后工业社会的来临——对社会预测的一项探索》,高铦、王宏周、魏章玲译,新华出版社 1997 年版。
2. 赫伯特·马尔库塞:《单向度的人》,刘继译,上海译文出版社 1989 年版。
3. 《习近平关于科技创新论述摘编》,中央文献出版社 2016 年版。
4. 布里奇斯托克等:《科学技术与社会导论》,刘立等译,清华大学出版社 2005 年版。
5. 丹尼尔·李·克莱曼:《科学技术在社会中——从生物技术到互联网》,张敦敏译,商务印书馆 2009 年版。

第五章　中国马克思主义科学技术观

中国马克思主义科学技术观是马克思主义科学技术观与中国具体科学技术实践相结合的产物，是中国共产党人集体智慧的结晶，是他们科学技术思想的概括和总结，是他们科学技术思想的理论升华和飞跃，是他们科学技术思想的凝练和精髓，是中国化的马克思主义科学技术观。2018 年 3 月 7 日在参加第十三届全国人大一次会议广东代表团审议时，习近平强调：发展是第一要务，人才是第一资源，创新是第一动力。习近平“三个第一”的思想准确诠释并凸显了中国特色社会主义科学技术观具有的独特的思想品格、鲜明的时代特征和重要的历史地位。科学技术的创新观、人才观和发展观三个方面，集中体现了中国马克思主义科学技术观的基本内容。

第一节　毛泽东思想中的科学技术观

以毛泽东同志为核心的党的第一代中央领导集体带领全党全国各族人民成功实现了中国历史上最深刻最伟大的社会变革，为当代中国一切发展进步奠定了根本政治前提和制度基础，取得了独创性理论成果和巨大成就，为新的历史时期开创中国特色社会主义提供了宝贵经验、理论准备、物质基础。毛泽东的科学技术思想是毛泽东思想的重要组成部分。

一、科学技术创新观

新中国成立伊始，毛泽东从维护国家国防安全的战略高度，生产力发展的社会需求出发，开创了一条自力更生的新中国科技创新之路。

（一）科学技术促进生产力发展的科技创新功能论

毛泽东认为科学技术及其创新是立国兴国的先决条件之一，他特别重视科学技术创新的生产力功能和军事功能。毛泽东认为，在科学技术的多种社会功能中，最突出的功能是它对社会生产力发展的巨大推动作用。毛泽东系统总结了世界各国科学技术经济发展的经验，指出："资本主义各国，苏联，都是靠采用最先进的技术，来赶上最先进的国家，我国也要这样。"① "科学技术这一仗，一定要打，而且必须打好。……不搞科学技术，生产力无法提高。"②

（二）自力更生与学习西方先进科学技术的科技创新途径论

自力更生是毛泽东科技创新思想的根本立足点。新中国面临

① 《毛泽东文集》第 8 卷，人民出版社 1999 年版，第 126 页。
② 《毛泽东文集》第 8 卷，人民出版社 1999 年版，第 351 页。

的国际环境决定了毛泽东选择走自力更生之路来推动科技创新的必然性。毛泽东强调，现代武器装备的研制和生产必须充分发挥我国科技人员的积极性和自主创新精神，坚持自力更生为主，必须始终将国家安全的命运牢牢掌握在我们自己手中。毛泽东为我国科学技术发展确定的根本原则是自力更生为主，争取外援为辅。毛泽东指出："我们不能走世界各国技术发展的老路，跟在别人后面一步一步地爬行。"① 毛泽东说："我们的方针是，一切民族、一切国家的长处都要学，政治、经济、科学、技术、文学、艺术的一切真正好的东西都要学。但是，必须有分析有批判地学，不能盲目地学，不能一切照抄，机械搬用。"②

（三）以尖端国防科技为重点，走赶超型的科学技术发展道路

毛泽东的科技创新思想强调以尖端国防科技为重点，实行跨越式发展。

1955 年 3 月，毛泽东在党的全国代表会议上指出："我们进入了这样一个时期，就是我们现在所从事的、所思考的、所钻研的，是钻社会主义工业化，钻社会主义改造，钻现代化的国防，并且开始要钻原子能这样的历史的新时期。"③

① 《毛泽东文集》第 8 卷，人民出版社 1999 年版，第 341 页。
② 《毛泽东文集》第 7 卷，人民出版社 1999 年版，第 41 页。
③ 《毛泽东文集》第 6 卷，人民出版社 1999 年版，第 395 页。

激烈的国际军事科技竞争，使毛泽东把国防现代化建设提到了更加突出的位置，他强调指出："我们现在已经比过去强，以后还要比现在强，不但要有更多的飞机和大炮，而且还要有原子弹。在今天的世界上，我们要不受人家欺负，就不能没有这个东西。"① 在严峻的国际形势下，以毛泽东为主要代表的中国共产党人已经认识到自主研发尖端军事科技的极端重要性和紧迫性。

对于新中国科学技术的发展道路，毛泽东强调不能跟在别人后面一步一步地爬行，必须打破常规，快速发展。一些尖端军工生产领域取得了重大自主创新突破，以"两弹一星"为代表的先进军工技术和产品的研制与生产在这一时期相继获得成功，实现了我国现代国防工业的跨越式发展。

二、科学技术人才观

（一）科技人才的内涵和外延

毛泽东关于科技人才概念的理解，主要包含在他关于知识分子，尤其是关于科技界的知识分子的论述中。虽然毛泽东很少使用"科技人才"这个概念，但其科技人才概念的内涵丰富，外延广泛。

从内涵上来说，毛泽东的科技人才概念包括质和量两个方

① 《毛泽东文集》第7卷，人民出版社1999年版，第27页。

面。就量而言，它是“数量足够的”；就质而言，它是“优秀的”。1956年1月25日，毛泽东指出，“我国人民应该有一个远大的规划，要在几十年内，努力改变我国在经济上和科学文化上的落后状况，迅速达到世界上的先进水平。为了实现这个伟大的目标，决定一切的是要有干部，要有数量足够的、优秀的科学技术专家”。① 毛泽东“优秀的”含义包括三个方面：一是世界观方面，毛泽东指出：“为了充分适应新社会的需要，为了同工人农民团结一致，知识分子必须继续改造自己，逐步地抛弃资产阶级的世界观而树立无产阶级、共产主义的世界观。”② 二是政治方面，科技人才要“红”。毛泽东指出，“政治是主要的，是第一位的，一定要反对不问政治的倾向”。③ 三是业务方面，科技人才要“专”。毛泽东指出：“无论搞工业的，搞农业的，搞商业的，搞文教的，都要学一点技术和业务。”④ 毛泽东特别强调：政治和业务是对立统一的，“我们各行各业的干部都要努力精通技术和业务，使自己成为内行，又红又专”⑤。在毛泽东看来，只有政治和业务达到了辩证统一，才算是一个合格的知识分子或者科技人才。

---

① 《毛泽东文集》第7卷，人民出版社1999年版，第2页。
② 《毛泽东文集》第7卷，人民出版社1999年版，第225页。
③ 《毛泽东文集》第7卷，人民出版社1999年版，第332页。
④ 《毛泽东文集》第7卷，人民出版社1999年版，第309页。
⑤ 《毛泽东文集》第7卷，人民出版社1999年版，第309页。

（二）重视科技人才的作用

延安时期，毛泽东就非常重视知识分子的作用。在党的七届二中全会上，他明确指出："无产阶级没有自己的庞大的技术队伍和理论队伍，社会主义是不能建成的。"① 人民的解放事业和新中国的建设事业都需要大批的科学家、工程师和技术人员。毛泽东在党的七大政治报告中指出：我们"需要大批的人民的教育家和教师，人民的科学家、工程师、技师、医生、新闻工作者、著作家、文学家、艺术家和普通文化工作者。……中国的人民解放斗争迫切地需要知识分子，因而知识分子问题就特别显得重要"。②

1956 年 1 月中共中央在全国知识分子问题会议上提出了"向科学进军"的口号。毛泽东号召全党向科学进军，努力改变我国在经济上和科学文化上的落后状况，迅速达到世界先进水平，为实现这个伟大目标，"决定一切的是要有干部，要有数量足够的、优秀的科学技术专家"③。

（三）注重科技人才培养和教育

毛泽东在有关科技人才的培养和教育方面，一是加强党对知

---

① 《毛泽东文集》第 7 卷，人民出版社 1999 年版，第 309 页。

② 《毛泽东选集》第 3 卷，人民出版社 1991 年版，第 1082 页。

③ 《建国以来重要文献选编》第 8 册，中央文献出版社 1994 年版，第 76 页。

识分子的领导，二是强调科技人才要又红又专，三是提倡科研人员与工农结合。“科学家要同群众密切联系，要同青年工人、老工人密切联系。”① 在毛泽东看来，知识分子、科研人员只有实现了与工农相结合，才能站在正确的立场、掌握科学的方法，才能真正为社会主义革命和建设服务。“知识分子如果同工农群众结合，和他们做了朋友，就可以把他们从书本上学来的马克思主义变成自己的东西。”“知识分子既然要为工农群众服务，那就首先必须懂得工人农民，熟悉他们的生活、工作和思想。我们提倡知识分子到群众中去，到工厂去，到农村去。如果一辈子都不同工人农民见面，这就很不好。”②

（四）科技人才的使用和管理

无论是在漫长的革命时期，还是在火热的社会主义建设阶段，毛泽东都十分重视对科技人才的使用和管理，充分调动他们的积极性，使他们更好地为社会主义革命和建设服务。毛泽东从战略的高度论述了科技人才使用的一般要求，即团结和信任、尊重和优待、关心和爱护科技人才。首先，团结和信任科技人才。在社会主义建设时期，毛泽东更是强调对于真正愿意为社会主义事业服务的科技人才给予充分的信任，从根本上改善同他们的关系，帮助他们解决各种必须解决的问题，使他们得以积极地发挥

① 《毛泽东文集》第 8 卷，人民出版社 1999 年版，第 393 页。
② 《毛泽东文集》第 7 卷，人民出版社 1999 年版，第 273、272 页。

他们的才能。为此毛泽东提醒道："我们有许多同志不善于团结知识分子，用生硬的态度对待他们，不尊重他们的劳动，在科学文化工作中不适当地干预那些不应当干预的事务。所有这些缺点必须加以克服。"① 我们一定要"端正方向，争取一切可能争取的教授、讲师、助教、研究人员，为无产阶级的教育事业和文化科学事业服务"②，以便建设好我们的社会主义国家。

其次，尊重和优待科技人才。"一切知识分子，只要是在为人民服务的工作中著有成绩的，应受到尊重，把他们看作国家和社会的宝贵的财富"。③ 我们是这样说的也是这样做的。"对知识分子的关系，过去与现在也是一贯的保护政策，优待技术人员、文化人员与艺术家，对他们都采取尊重的态度"。④ "还有技术干部……对做各种技术工作的同志，不论是军队里面的、政府里面的、党组织里面的，我们都要尊重他们，承认他们有功劳，全党同志要看得起他们，过去在政治待遇上搞得不好，今后要搞好。"⑤ "在任何企业中，除厂长或经理必须被重视外，还必须重

---

① 《毛泽东文集》第 7 卷，人民出版社 1999 年版，第 225 页。

② 《建国以来重要文献选编》第 11 册，中央文献出版社 1995 年版，第 680 页。

③ 《毛泽东选集》第 3 卷，人民出版社 1991 年版，第 1082 页。

④ 《毛泽东文集》第 1 卷，人民出版社 1993 年版，第 482 页。

⑤ 《毛泽东文集》第 3 卷，人民出版社 1996 年版，第 407 页。

视有知识有经验的工程师、技师及职员。必要时，不惜付出高薪”。[①] 对于专门人才更应如此，“我们应该尊重专门家，专门家对于我们的事业是很可宝贵的”[②]

最后，关心和爱护科技人才。毛泽东对科技人才的关心和爱护体现在方方面面：在政治上关心。1956 年 1 月，毛泽东主持召开了知识分子问题会议，会议明确宣布：我国知识分子的绝大部分已经成为国家工作人员，已经为社会主义服务，已经是工人阶级的一部分。在生活待遇方面，为了使知识分子能够把更多的精力用于工作，毛泽东提出知识分子的生活待遇应该适当地提高。在工作上给予大力支持。

三、科学技术发展观

（一）“百家争鸣”的科学发展方针

毛泽东将“百家争鸣”作为科学发展的必由之路，强调了科技发展的规律，提出我党领导中国科学发展的指导方针。1956 年，毛泽东在《在中共中央政治局扩大会议上的总结讲话》中指出，“艺术问题上的百花齐放，学术问题上的百家争鸣，我看应该成为我们的方针。”[③] 他认为“‘百花齐放，百家争鸣’的

---

① 《毛泽东文集》第 5 卷，人民出版社 1996 年版，第 88 页。
② 《毛泽东选集》第 3 卷，人民出版社 1991 年版，第 864 页。
③ 《毛泽东文集》第 7 卷，人民出版社 1999 年版，第 54 页。

方针，是促进艺术发展和科学进步的方针，是促进我国的社会主义文化繁荣的方针。艺术上不同的形式和风格可以自由发展，科学上不同的学派可以自由争论。不要轻率地作结论。我们认为，采取这种态度可以帮助科学和艺术得到比较顺利的发展。”①

（二）向科学进军

毛泽东提出社会主义建设要依靠科学技术，号召向科学进军，目标是世界科学技术前沿，努力接近与赶上世界科学发展的先进水平。他提出：“我国人民应该有一个远大的规划，要在几十年内，努力改变我国在经济上和科学文化上的落后状况，迅速达到世界上的先进水平。”②

（三）开展群众性的技术革新和技术革命运动

技术革新和技术革命的思想在毛泽东科学技术思想中占重要地位。毛泽东指出：“技术革新和技术革命运动现在已经成为一个伟大的运动，急需总结经验，加强领导，及时解决运动中的问题，使运动引导到正确的、科学的、全民的轨道上去。”③

毛泽东对技术革新和技术革命同样重视，他对技术革命和技术革新进行了区别。他说：“对每一具体技术改革说来，称为技术革新就可以了，不必再说技术革命。技术革命指历史上重大技

① 《毛泽东文集》第7卷，人民出版社1999年版，第229—230页。
② 《毛泽东文集》第7卷，人民出版社1999年版，第2页。
③ 《毛泽东文集》第8卷，人民出版社1999年版，第152—153页。

术变革，例如用蒸汽机代替手工，后来又发明电力，现在又发明原子能之类。”①

（四）技术革命与社会革命相结合

毛泽东看到了技术与社会的相互作用关系，提出技术革命与社会革命相结合的思想。1955 年，他明确指出：“我们现在不但正在进行关于社会制度方面的由私有制到公有制的革命，而且正在进行技术方面的由手工业生产到大规模现代化机器生产的革命，而这两种革命是结合在一起的。”② 1958 年，毛泽东又说：“中国只有在社会经济制度方面彻底地完成社会主义改造，又在技术方面，在一切能够使用机器操作的部门和地方，统统使用机器操作，才能使社会经济面貌全部改观。”③

第二节　邓小平理论、“三个代表”重要思想、科学发展观中的科学技术观

邓小平理论是在和平与发展成为时代主题的历史条件下，在总结我国社会主义胜利和挫折的历史经验并借鉴其他社会主义国

① 《建国以来毛泽东文稿》第 13 册，中央文献出版社 1998 年版，第 49 页。
② 《毛泽东文集》第 6 卷，人民出版社 1999 年版，第 432 页。
③ 《毛泽东文集》第 6 卷，人民出版社 1999 年版，第 438 页。

家兴衰成败历史经验的基础上，在我国改革开放和现代化的实践中，逐步形成和发展起来的。邓小平结合改革开放和当代科学技术发展的新态势，提出了一系列关于科学技术发展的理论观点，形成了邓小平理论中的科学技术观。

"三个代表"重要思想是以江泽民为主要代表的中国共产党人，科学判断形势，全面把握大局，进行艰辛探索，从容应对困难和风险，全面推进社会主义现代化建设，开创了中国特色社会主义事业新局面的历史条件下形成的。以江泽民为主要代表的中国共产党人在世纪之交科学技术迅速发展、知识经济初见端倪的新形势下，提出了一系列关于科学技术发展的理论观点，形成了"三个代表"重要思想中的科学技术观。

科学发展观是我们党坚持以马克思列宁主义、毛泽东思想、邓小平理论和"三个代表"重要思想为指导，在准确把握世界发展趋势、认真总结我们发展经验、深入分析我国发展阶段性特征的基础上提出来的。胡锦涛在经济全球化的背景下，立足于我国科学技术与社会发展的现实需要，提出了一系列关于科学技术发展的理论观点，形成了科学发展观中的科学技术观。

一、科学技术创新观

（一）科学技术是第一生产力

邓小平根据世界科学技术经济发展的新趋势，概括了人类实践所提供的新经验和新成果，第一次明确提出“科学技术是第一生产力”① 这一当代马克思主义的重大理论命题，成为邓小平科学技术思想的理论核心。

江泽民在新的历史条件下指出，科学技术是第一生产力，而且是先进生产力的集中体现和主要标志的重要论断，指明了科学技术在先进生产力发展中的关键地位和决定作用。

（二）实施科教兴国战略

江泽民在深刻分析世界科技革命发展进程和我国社会主义现代化建设实际的基础上，发出坚定不移地实施科教兴国战略的号召。江泽民明确指出，科教兴国就是全面落实科学技术是第一生产力的思想，就是坚持教育为本，把科技和教育摆在经济社会发展的重要位置，增强国家的科技实力及向现实生产力转化的能力，提高全民族的科技文化素质，把经济建设转到依靠科技进步和提高劳动者素质的轨道上来，加速实现国家繁荣强盛。

（三）科学技术创新是经济社会发展的重要决定因素

江泽民特别重视科技创新对经济社会发展的重要作用，强调科技创新越来越成为当今社会生产力解放和发展的重要基础和标志，越来越决定着一个国家、一个民族的发展进程。在激烈的国际科技竞争面前，只有坚持创新才能不断前进。要实现国家富

① 《邓小平文选》第 3 卷，人民出版社 1993 年版，第 274 页。

强、民族振兴和经济繁荣，就必须提高自主创新能力，走一条具有中国特色的科技创新之路，为建设具有中国特色的社会主义现代化强国奠定雄厚的科技基础。

（四）科技体制改革和加强党对科技事业的领导

科技体制改革是推进科技事业不断前进的强大动力。邓小平为我国的科技体制改革的原则、内容及任务指明了方向。他指出："新的科技体制，应该是有利于经济发展的体制。双管齐下，长期存在的科技与经济脱节的问题，有可能得到比较好的解决。"① 江泽民指出，我国经济和科技体制改革需要着力解决的根本问题就是如何促进科技与经济的有机结合。建设创新型国家需要体制和机制保障，推动科技进步和创新、提高自主创新能力迫切需要体制机制创新。胡锦涛指出，深化科技体制改革，进一步优化科技结构布局，充分激发全社会的创新活力，加快科技成果向先进生产力的转化，是建设创新型国家的一项重要任务。

邓小平非常重视在科技体制改革中加强和改善党对科技事业的领导，邓小平强调指出，"能不能把我国的科学技术尽快地搞上去，关键在于我们党是不是善于领导科学技术工作"②，并全面阐述了加强和改善党对科学技术工作领导的思想，提出各级党委要广泛开展群众性的科学实验活动，又要大力抓好专业科学研

① 《邓小平文选》第 3 卷，人民出版社 1993 年版，第 108 页。
② 《邓小平文选》第 2 卷，人民出版社 1994 年版，第 96 页。

究机构的工作，科学研究机构要实行党委领导下的所长负责制，这是重要的组织措施。既要加强党委的领导，又要充分发挥专家的作用，只有这样才能搞好科学研究事业。

（五）提高自主创新能力，建设创新型国家

面对世界范围内新科技革命的浪潮，在以科技进步带动经济发展的新型竞争和发展模式下，邓小平指出，无论是发达国家还是发展中国家都不能不认真对待这种新形势，“过去也好，今天也好，将来也好，中国必须发展自己的高科技，在世界高科技领域占有一席之地。”① 要实现经济繁荣、民族振兴和国家富强，必须提高自主创新能力，“惟有自己掌握核心技术，拥有自主知识产权，才能将祖国发展与安全的命运牢牢掌握在我们手中。”② 胡锦涛多次强调，自主创新能力是国家竞争力的核心。必须把建设创新型国家作为面向未来的重大战略。科技创新是提高社会生产力和综合国力的战略支撑，必须摆在国家发展全局的核心位置。要坚持走中国特色自主创新道路，加快建设国家创新体系，把全社会智慧和力量凝聚到创新发展上来。坚持中国特色发展道路，促进“四化”同步发展。

（六）弘扬科学精神，加强科技创新文化建设

任何科学技术活动都是在一定的文化环境中进行的。创新文

---

① 《邓小平文选》第3卷，人民出版社1993年版，第279页。

② 江泽民：《论科学技术》，中央文献出版社2001年版，第164—165页。

化建设是中国特色社会主义文化建设的重要组成部分。发展创新文化，培育创新精神，是科技进步和创新最深厚最持久的社会基础。走中国特色自主创新道路，必须要加强创新文化建设，以激励科技进步和创新。胡锦涛非常重视科技创新文化建设，他指出，创新文化与创新事业之间存在着良性的相互促进关系，“创新文化孕育创新事业，创新事业激励创新文化。”① 大力发扬中华文化的优良传统，大力增强全民族的自强自尊精神，大力增强全社会的创造活力，弘扬科学精神，对于建设创新型国家具有重要意义。

二、科学技术人才观

（一）尊重知识、尊重人才

邓小平高度重视知识和人才对实现现代化的作用，倡导形成“尊重知识，尊重人才”② 的良好社会氛围，强调要重视从事脑力劳动的人，落实知识分子政策；重视科技和教育，造就一支宏大的又红又专的工人阶级知识分子队伍，把尽快培养出一批具有世界第一流水平的科学技术专家，作为科学、教育战线的重要任务。

---

① 《胡锦涛文选》第 2 卷，人民出版社 2016 年版，第 409 页。
② 《邓小平文选》第 2 卷，人民出版社 1994 年版，第 40 页。

（二）重视和关心科学技术人才

江泽民高度重视科学技术人才在科学技术进步和创新中的重要作用，多次强调创新的关键在人才。江泽民指出：“科技要发展，人才是关键。”① 科技进步、经济繁荣和社会发展，从根本上说取决于提高劳动者的素质，培养大批人才。实施人才战略，要从培养人才、吸引人才和用好人才等方面入手。加强对科技人才的培养，建立灵活的科学技术人才管理体制。

（三）加强科技人才队伍建设，实施人才强国战略

走中国特色自主创新道路，必须培养造就宏大的创新型人才队伍。建设高水平的科学技术人才队伍是科学技术创新的关键。江泽民非常重视对科学技术人才的培养工作，认为“科技进步、经济繁荣和社会发展，从根本上说取决于提高劳动者的素质，培养大批人才”②。胡锦涛认为，具有创新精神的高素质人才作为第一资源在建设创新型国家中占有重要的主体地位，因此非常重视和加强科学技术人才队伍建设，胡锦涛指出：“人才直接关系我国科技事业的未来，直接关系国家和民族的明天。”③ 他还强调要抓紧抓好培养造就科技领军人才，努力造就世界一流科学家

① 《十三大以来重要文献选编》（中），人民出版社 1991 年版，第 788 页。

② 江泽民：《论科学技术》，中央文献出版社 2001 年版，第 35 页。

③ 《十七大以来重要文献选编》（上），中央文献出版社 2009 年版，第 502 页。

和科技领军人才。科学技术人才队伍建设关系到我国经济和社会发展的速度和质量，关系到社会主义现代化建设的目标能否顺利实现。加强对科学技术人才的培养，建立灵活的科学技术人才管理体制是一项长期系统的工程。

三、科学技术发展观

（一）科学技术为经济建设服务

中国马克思主义者深刻认识到科学技术的经济功能。邓小平提出的“科学技术是第一生产力”的命题准确概括了现代科学技术与现代生产力的内在联系，阐明了科学技术在现代经济发展中具有首位的导向作用，深化了科学技术在当代社会经济发展中产生的巨大变革和推动作用，在此基础上明确指出科学技术发展的战略重点要转向为经济建设服务的思想，邓小平指出：“科学技术主要是为经济建设服务的。”① 他强调，四个现代化，关键是科学技术的现代化。没有现代科学技术，就不可能建设现代农业、现代工业、现代国防。没有科学技术的高速度发展，也就不可能有国民经济的高速度发展。

江泽民对科学技术在全球竞争中的重要性有着更深刻的理解。江泽民指出，世界科学技术正在经历一场巨大的革命，科学

① 《邓小平文选》第2卷，人民出版社1994年版，第240页。

技术的实力越来越决定着一个国家综合国力的强弱和国际地位的高低。他在强调科学技术强国富民重要作用的同时，还多次指出世界范围的经济竞争、综合国力竞争，在很大程度上表现为科学技术的竞争。

胡锦涛进一步揭示了科学技术与生产力、科学技术与人类文明进步、科学技术与社会发展的关系。胡锦涛更是认识到一个国家只有拥有强大的自主创新能力，才能在激烈的国际竞争中把握先机、赢得主动。胡锦涛着眼于当前我国处于经济结构转型的重要战略期，提出依靠科学技术发展来有力地推动我国经济结构向更加合理更加高效的方向转化，并提出要努力建设创新型国家，把增强自主创新能力作为科学技术发展的战略基点和调整经济结构、转变经济增长方式的中心环节，努力走出一条具有中国特色的科技创新之路。

（二）坚持以人为本，大力发展民生科学技术

坚持以人为本，大力发展民生科学技术，体现了马克思主义历史唯物主义的基本原理，科学技术发展必须服务于最广大人民群众的根本利益，这是中国共产党的根本宗旨和推动经济社会发展的根本目的。中国马克思主义科学技术观的人本性，强调科学技术要造福于民，服务于人的全面发展。邓小平主张科技富国强民，造福人类，通过发展科学技术实现民族振兴。在新的历史条件下，江泽民指出，要使科学技术进步更加有效地服务于亿万人

民群众。胡锦涛关注民生，强调以人为本是科学发展观的核心，科学发展观视野下的科学技术发展，就是要把人民群众的利益放在首位，为人民群众造福。胡锦涛指出："我们必须坚持以人为本，大力发展与民生相关的科学技术，按照以改善民生为重点加强社会建设的要求，把科技进步和创新与提高人民生活水平和质量、提高人民科学文化素质和健康素质紧密结合起来，着力解决关系民生的重大科技问题，不断强化公共服务、改善民生环境、保障民生安全。"①

（三）重视科学技术和环境和谐发展，深入贯彻可持续发展战略

胡锦涛重视建设生态文明，强调保护环境、建设生态文明离不开科学技术的支撑，他指出："大力加强生态环境保护科学技术。……要注重源头治理，发展节能减排和循环利用关键技术，建立资源节约型、环境友好型技术体系和生产体系。"② 必须更加自觉地把全面协调可持续作为深入贯彻落实科学发展观的基本要求，全面落实经济建设、政治建设、文化建设、社会建设、生态文明建设五位一体总体布局。

（四）高科技发展战略

高科技的出现体现了科技进步的日新月异，将科技发展

---

① 《胡锦涛文选》第 3 卷，人民出版社 2016 年版，第 403 页。
② 《胡锦涛文选》第 3 卷，人民出版社 2016 年版，第 405、406 页。

带入一个崭新阶段。发展高科技，实现产业化，高科技转化为现实的生产力，从根本上改变着我们的生存方式和发展模式。要发挥科学技术对社会发展的引领作用，必须要攀登科技制高点，“中国必须发展自己的高科技，在世界高科技领域占有一席之地”。[①] 邓小平提出“发展高科技，实现产业化”的号召，是从国际竞争和实现我国跨世纪发展战略全局考虑的，明确了我国发展高科技的指导方针，形成了高科技发展的战略思想。

江泽民强调，振兴经济首先要振兴科技，才能在激烈的竞争中取得主动；科技工作要面向经济建设主战场，在开发研究、高新技术及其产业、基础性研究三个方面合理配置力量，确定各自攀登高峰的目标；要加速科技成果的商品化和向现实生产力转化，努力建设强大的民族高技术产业，实现在世界高科技领域中，中华民族占有应有的位置。

高科技发展对整个国家经济和社会发展如此重要，就不能只采用“跟跑”策略，而要选择重点领域实现跨越式发展，这是建设创新型国家的重要举措。胡锦涛指出：“要坚持有所为有所不为的方针，选择事关我国经济社会发展、国家安全、人民生命健康、生态环境全局的若干领域，重点发展，重点突破，努力在

---

① 《邓小平文选》第 3 卷，人民出版社 1993 年版，第 279 页。

关键领域和若干技术发展前沿掌握核心技术，拥有一批自主知识产权。”①

（五）学习和引进国外先进科学技术成果

1978 年 12 月召开的党的十一届三中全会，提出把党和国家的工作重心转移到经济建设上来、实行改革开放的重大决策，开启了改革开放的新时期。为了能尽快实现四个现代化，改变我国经济、科技、教育文化落后的现状，邓小平认为我国需要学习和引进国外先进的科学技术成果，要扩大对外开放，增强国际交流，吸收先进成果，追踪科学技术前沿，填补科学技术空白。邓小平指出：“科学技术是人类共同创造的财富。任何一个民族、一个国家，都需要学习别的民族、别的国家的长处，学习人家的先进科学技术。”② 我国要扩大对外开放，增强国际交流，吸收先进成果，追踪科学技术前沿，填补科学技术空白。

江泽民认为，在中国这样大的社会主义国家搞现代化建设，需要处理好坚持自力更生与对外开放的关系，要独立自主、自力更生，但不是盲目排外，绝对不是要闭关锁国、关起门来搞建设。江泽民指出：“要引进先进技术，但必须把引进和开发、创

---

① 《胡锦涛文选》第 2 卷，人民出版社 2016 年版，第 194 页。
② 《邓小平文选》第 2 卷，人民出版社 1994 年版，第 91 页。

新结合起来，形成自己的优势；要利用国外资金，但同时更要重视自己的积累。这样才能争取时间，加快缩小与发达国家的差距。”①

为了加快创新型国家建设，全面实施人才强国战略，胡锦涛提出，要加强国际合作交流活动；同时“要加大引进人才、引进智力工作力度，尤其是要积极引进海外高层次人才，吸引广大出国留学人员回国创业。”②

（六）科学技术伦理问题是人类在21世纪面临的一个重大问题

20世纪以来，科学技术的广泛应用导致人类社会发生了翻天覆地的变化，也带来了一系列的伦理问题，这些问题构成了科学技术伦理研究的内容。从科学技术进步应服务于人类福祉的增加、服务于社会进步的原则立场出发，江泽民指出：“在二十一世纪，科技伦理问题将越来越突出。核心问题是，科学技术进步应该服务于全人类，服务于世界和平、发展与进步的崇高事业，而不能危害人类自身。”③ 江泽民概括了21世纪要解决三大伦理问题，即生态伦理问题、网络伦理问题和生命伦理问题，强调科学技术伦理原则要通过相关政策加以落实，并提出要重视对科学

---

① 《江泽民文选》第1卷，人民出版社2006年版，第471页。

② 《胡锦涛文选》第2卷，人民出版社2016年版，第409页。

③ 江泽民：《论科学技术》，中央文献出版社2001年版，第217页。

技术工作者的科技伦理教育。

第三节 习近平新时代中国特色社会主义思想中的科学技术观

在党和国家进入全面建成小康社会决胜阶段、中国特色社会主义进入新时代的关键时期，习近平提出了一系列治国理政的新理念、新思想、新战略，创立了习近平新时代中国特色社会主义思想。习近平新时代中国特色社会主义思想是马克思主义中国化的最新成果。习近平面对新时代的国际和国内局势，立足于我国科学技术与社会发展的现实需要，提出了一系列关于科学技术发展的理论观点，形成了习近平新时代中国特色社会主义思想中的科学技术观。

一、科学技术创新观

（一）加快建设创新型国家，建设世界科技强国

实现建成社会主义现代化强国的伟大目标，实现中华民族伟大复兴的中国梦，必须具有强大的科技实力和创新能力。加快建设创新型国家，建设世界科技强国，为社会主义现代化强国建设提供战略支撑。

习近平在全国科技创新大会、两院院士大会、中国科协第九次全国代表大会上的重要讲话中，专门就我国科技创新的奋斗目标提出了“三步走”的清晰规划与蓝图：到 2020 年时使我国进入创新型国家行列，到 2030 年时使我国进入创新型国家前列，到 2050 年左右进入世界科技强国行列，是中国科技创新的长远目标。

建设创新型国家的根本目标是提高我国的自主创新能力，增强国家竞争力。提高自主创新能力是国家发展战略的核心，是提高综合国力的关键，是科学技术的战略基点，是调整产业结构、转变增长方式的中心环节。提高自主创新能力必须走出一条中国特色自主创新的道路，必须瞄准国际竞争力的提高，必须服务于经济社会的可持续发展，必须加快推进国家创新体系的建设。加快建设创新型国家，具有重大而深远的意义，这是建设社会主义现代化强国的内在要求，是解决当前中国社会主要矛盾的必然选择，也是抢抓新一轮科技革命和产业变革历史机遇的战略举措。

建设世界科技强国，是新时代中国特色社会主义的伟大方略，是我国提高核心竞争力的必然选择。建设世界科技强国是中华民族伟大复兴的重要组成部分，同时也是中华民族伟大复兴的重要支撑。2018 年 5 月 28 日，习近平在中国科学院第十九次院士大会、中国工程院第十四次院士大会上强调指出：“我们比历史上任何时期都更接近中华民族伟大复兴的目标，我们比历史上任何时期都更需要建设世界科技强国！”①

成为世界科技强国，就要具有科技整体能力强的特点，在重要的领域方向跻身世界先进行列，在科技前沿方向由跟跑到并行走向领跑阶段，科技发展要由量的积累走向质的飞跃、由点的突破走向系统能力的提升。习近平指出：“成为世界科技强国，成为世界主要科学中心和创新高地，必须拥有一批世界一流科研机构、研究型大学、创新型企业，能够持续涌现一批重大原创性科学成果。”②

建设世界科技强国，必须准确判断科技突破方向，强化战略导向，破解创新发展科技难题。习近平指出，要“实施一批重大科技项目和工程，要加快推进，围绕国家重大战略需求，着力攻破关键核心技术，抢占事关长远和全局的科技战略制高点。”③建设世界科技强国，必须具有全球视野、把握时代脉搏，及时确立发展战略，坚定创新自信，提出更多原创理论，作出更多原创发现，力争在重要科技领域实现跨越发展。“必须坚持走中国特色自主创新道路，面向世界科技前沿、面向经济主战场、面向国家重大需求，加快各领域科技创新，掌握全球科技竞争先机。这

---

① 习近平：《在中国科学院第十九次院士大会、中国工程院第十四次院士大会上的讲话》，《人民日报》2018年5月28日。

② 《习近平谈治国理政》第2卷，外文出版社2017年版，第270页。

③ 《习近平谈治国理政》第2卷，外文出版社2017年版，第270页。

是我们提出建设世界科技强国的出发点。”①

（二）创新是引领发展的第一动力

创新始终是推动一个国家、一个民族向前发展的重要力量，也是推动整个人类社会向前发展的重要力量。党的十八大以来，习近平以马克思主义科学技术观为指导，从人类社会进步与发展的高度来认识科技进步和创新的重要性，在深刻分析我国发展现状与民族前途命运基础上，提出“创新是引领发展的第一动力，是建设现代化经济体系的战略支撑”②。科技进步和创新是推动人类社会发展的重要引擎，科技创新是人类社会进步与发展的不竭动力。适应和引领我国经济发展新常态，要实现科学发展和高质量发展，关键要依靠科技创新转换发展动力。抓住了创新，就抓住了牵动经济社会发展全局的“牛鼻子”。要让创新贯穿党和国家一切工作。实施创新驱动发展战略，是加快转变经济发展方式、提高我国综合国力和国际竞争力的必然要求和战略举措，抓创新就是抓发展，谋创新就是谋未来。习近平在强调创新对发展的重要性时再次指出：“新一轮科技革命带来的是更加激烈的科

① 习近平：《为建设世界科技强国而奋斗——在全国科技创新大会、两院院士大会、中国科协第九次全国代表大会上的讲话》，人民出版社 2016 年版，第 5—6 页。

② 习近平：《决胜全面建成小康社会 夺取新时代中国特色社会主义伟大胜利——在中国共产党第十九次全国代表大会上的报告》，人民出版社 2017 年版，第 31 页。

技竞争，如果科技创新搞不上去，发展动力就不可能实现转换，我们在全球经济竞争中就会处于下风。”①

（三）实施创新驱动发展战略，推进以科技创新为核心的全面创新

发展是硬道理，发展是第一要务，发展应是科学发展和高质量发展。实施创新驱动发展战略，就是主要靠科技创新驱动的一种新型发展，就是将科技创新摆在国家发展全局的核心位置，不断推进以科技创新为核心的全面创新。实施创新驱动发展战略，对我国形成国际竞争新优势、增强发展的长期动力具有战略意义。实施创新驱动发展战略，对降低资源能源消耗、改善生态环境、建设美丽中国具有长远意义。习近平在庆祝改革开放40周年大会上指出，“必须以坚持发展为第一要务，不断增强我国综合国力。……毫不动摇坚持发展是硬道理、发展应该是科学发展和高质量发展的战略思想”②。

深入实施创新驱动发展战略，就是要推动科技创新、产业创新、企业创新、市场创新、产品创新、业态创新、管理创新等全面创新，真正形成以创新为主要引领和支撑的经济体系和发展模式，最终目的是提高综合国力。

---

① 《习近平谈治国理政》第2卷，外文出版社2017年版，第198页。

② 习近平：《在庆祝改革开放40周年大会上的讲话》，《人民日报》2018年12月19日。

创新是推动发展的第一动力，创新包含多方面内容，其中科技创新的作用十分重要，科技创新已经成为提高国家综合实力和国际竞争力的决定性力量，科技创新作为提高社会生产力、提升国际竞争力、增强综合国力、保障国家安全的战略支撑，必须摆在国家发展全局的核心位置。新时代的中国为全面建成小康社会、实现中华民族伟大复兴的中国梦，比以往任何时候都更加需要强大的科技创新力量，只有依靠科技创新，才能推动经济社会持续健康发展，才能全面增强我国经济实力、科技实力、国防实力、综合国力，才能为坚持和发展中国特色社会主义、实现中华民族伟大复兴奠定雄厚物质基础。

发展科学技术，是国家富强人民富裕的必由之路，“科技兴则民族兴，科技强则国家强。”① 为了实现民族复兴国家富强，习近平指出：“今天，我们比历史上任何时期都更接近中华民族伟大复兴的目标，比历史上任何时期都更有信心、有能力实现这个目标。而要实现这个目标，我们就必须坚定不移贯彻科教兴国战略和创新驱动发展战略，坚定不移走科技强国之路。”② “中国正在实施

① 习近平：《为建设世界科技强国而奋斗——在全国科技创新大会、两院院士大会、中国科协第九次全国代表大会上的讲话》，人民出版社 2016 年版，第 5 页。

② 《习近平关于科技创新论述摘编》，中央文献出版社 2016 年版，第 15—16 页。

创新驱动发展战略，推进以科技创新为核心的全面创新。”①

（四）走中国特色自主创新道路

坚持走中国特色自主创新道路，这是由科技创新的本质决定的。在日趋激烈的全球综合国力竞争中，非走自主创新道路不可，这是一条必由之路，必须坚定不移地走下去。不能总是指望依赖他人的科技成果来提高自己的科技水平，更不能做其他国家的技术附庸，永远跟在别人的后面亦步亦趋。

习近平多次论述了坚持走中国特色自主创新道路的重要意义及其策略选择。“增强自主创新能力，最重要的就是要坚定不移走中国特色自主创新道路，坚持自主创新、重点跨越、支撑发展、引领未来的方针，加快创新型国家建设步伐。”② 抓科技创新就是牵住“牛鼻子”，下好科技创新这步先手棋，就能占领先机，赢得优势。要“实现‘两个一百年’奋斗目标，实现中华民族伟大复兴的中国梦，必须坚持走中国特色自主创新道路，面向世界科技前沿、面向经济主战场、面向国家重大需求，加快各领域科技创新，掌握全球科技竞争先机”③。走中国特色自主创

---

① 《习近平关于科技创新论述摘编》，中央文献出版社 2016 年版，第 19 页。
② 《习近平关于科技创新论述摘编》，中央文献出版社 2016 年版，第 45 页。
③ 习近平：《为建设世界科技强国而奋斗——在全国科技创新大会、两院院士大会、中国科协第九次全国代表大会上的讲话》，人民出版社 2016 年版，第 5 页。

新道路，要明确我国科技创新主攻方向和突破口，加快推进国家重大科技专项，深入推进知识创新和技术创新，增强原始创新、集成创新和引进消化吸收再创新能力，不断取得基础性、战略性、原创性的重大成果，努力实现优势领域、关键技术重大突破，要“完善国家创新体系，加快关键核心技术自主创新”①。走自主创新道路，要通过深化科技体制改革激发创新活力，要树立人才是第一资源的理念，要坚持融入全球科技创新网络。走自主创新道路，要有强烈的创新自信。习近平强调，要“矢志不移自主创新，坚定创新信心，着力增强自主创新能力”②。既要引进和学习世界先进科技成果，更要走前人没有走过的路，努力在自主创新上大有作为。如果总是跟踪模仿，是没有出路的。走自主创新道路，就要有强烈的创新意识，敢于质疑现有理论，勇于开拓新的方向，攻坚克难，追求卓越。要营造鼓励创新、宽容失败的氛围。

（五）坚持融入全球科技创新网络，深度参与全球科技治理

当今世界，经济全球化过程中伴随着科技全球化。世界各国都在密切注视着科技全球化的进程，并根据本国的实际状况积极

---

① 习近平：《在庆祝改革开放40周年大会上的讲话》，《人民日报》2018年12月19日。

② 习近平：《在中国科学院第十九次院士大会、中国工程院第十四次院士大会上的讲话》，人民出版社2018年版，第10页。

应对。在经济全球化推动下，以知识、技术、人才等为核心的创新要素在全球范围快速流动。新时代，我国加快建设创新型国家和世界科技强国，必须走自主创新道路，但是，自主创新是开放环境下的创新，绝对不能关起门来搞，需要以全球视野谋划和推动创新，全方位加强国际科技创新合作。习近平强调，科学技术是世界性的、时代性的，发展科学技术必须具有全球视野。习近平深刻认识到自主创新与国际科学技术合作的辩证统一关系，提出要“坚持融入全球科技创新网络，树立人类命运共同体意识，深入参与全球科技创新治理，主动发起全球性创新议题，全面提高我国科技创新的全球化水平和国际影响力，我国对世界科技创新贡献率大幅提高，我国成为全球创新版图中日益重要的一极”①。

深度参与全球科技治理，贡献中国智慧，着力推动构建人类命运共同体。能否深度参与全球科技创新治理，事关我国科技创新能力。中国应主动设置创新议题，加强科技创新政策的对话沟通，在全球创新舞台上发出中国声音。中国积极参与全球创新治理，就是要为实现创新驱动发展创造有利条件，推动构建符合创新规律的开放包容的全球创新治理格局。面向前沿基础研究和全球关键科技问题，积极主动参与国际大科学计划和大科学工程。

---

① 习近平：《在中国科学院第十九次院士大会、中国工程院第十四次院士大会上的讲话》，人民出版社 2018 年版，第 3—4 页。

立足我国优势领域，鼓励我国科学家发起和组织国际科技合作计划，培育若干能在国际上引起广泛关注的项目。

（六）加快科技体制改革步伐

习近平从实施创新驱动发展战略的高度阐明加快科技体制改革的必要性，提出创新是一个系统工程，创新链、产业链、资金链、政策链相互交织、相互支撑，改革必须全面部署，并坚定不移推进。针对我国科技体制改革与经济体制改革不协调、科技和市场“两张皮”问题没有得到根本解决，因此，我们必须“坚持以深化改革激发创新活力，推出一系列科技体制改革重大举措，加强创新驱动系统能力整合，打通科技和经济社会发展通道，不断释放创新潜能，加速聚集创新要素，提升国家创新体系整体效能。”① 实施创新驱动发展战略，最为紧迫的是要进一步解放思想，加快科技体制改革步伐，破除一切束缚创新驱动发展的观念和体制机制障碍，最大限度解放和激发科技作为第一生产力所蕴藏的巨大潜能。深化科技体制改革与创新，形成充满活力的科技管理和运行机制，提升创新体系效能。要坚持科技创新和制度创新双轮驱动，协同发挥作用。要优化和强化技术创新体系顶层设计，着力激发创新主体的创新激情和活力。要加快转变政府科技管理职能，发挥好组织优势。“科技体制改革要紧紧扭住

① 习近平：《在中国科学院第十九次院士大会、中国工程院第十四次院士大会上的讲话》，人民出版社 2018 年版，第 3 页。

‘硬骨头’攻坚克难，加快把党的十八届三中全会确定的科技体制改革各项任务落到实处。”① 党的十九大报告指出，“深化科技体制改革，建立以企业为主体、市场为导向、产学研深度融合的技术创新体系，加强对中小企业创新的支持，促进科技成果转化。”②

（七）加强科技文化建设，发展创新文化

科技文化是科技创新的文化支撑，是科技创新的精神动力。习近平的科技文化思想包括两个方面：一是要在全社会广泛传播科学文化，弘扬科学精神。习近平将科学普及与传播与科技创新摆在同等重要的位置，他指出：“科技创新、科学普及是实现创新发展的两翼，要把科学普及放在与科技创新同等重要的位置。”③ 只有全民科学素质普遍提高，才能建立起宏大的高素质创新大军，实现科技成果快速转化。广大科技工作者要以提高全民科学素质为己任，把普及科学知识、弘扬科学精神、传播科学思想、倡导科学方法作为义不容辞的责任，在全社会推动形成讲科学、爱科学、学科学、用科学的良好氛围，使蕴藏在亿万人民中间的创新智慧充分释放、创新力量充分涌流。二是要倡导并发

① 《习近平谈治国理政》，外文出版社 2014 年版，第 125—126 页。

② 习近平：《决胜全面建成小康社会 夺取新时代中国特色社会主义伟大胜利——在中国共产党第十九次全国代表大会上的报告》，人民出版社 2017 年版，第 31 页。

③ 《习近平谈治国理政》第 2 卷，外文出版社 2017 年版，第 276 页。

展创新文化。为了激发全社会的创新活力，要培育尊重知识产权、保护和运用好知识产权的创新文化氛围，倡导创新文化，要强化知识产权创造、保护、运用。要完善创新人才培养模式，强化科学精神和创造性思维培养，要营造良好学术环境，弘扬学术道德和科研伦理，在全社会营造鼓励创新、宽容失败的氛围。对于基础研究，“允许科学家自由畅想、大胆假设、认真求证。不要以出成果的名义干涉科学家的研究，不要用死板的制度约束科学家的研究活动。”①

二、科学技术人才观

习近平围绕人才工作发表了一系列意蕴深远的新观点，特别对科技创新人才的发展做出了重要论述。

（一）从多维度、多层次理解科技人才

为了把我国建设成世界科技强国，习近平强调要把人才资源开发放在科技创新最优先的位置，建设一支规模宏大、结构合理、素质优良的科技人才队伍。组成这支人才队伍的成员广泛而丰富，可以从多维度和多层次加以理解。科技人才既指具有国际水平的战略科技人才、世界水平的科学家和工程师，又指国内一线的创新人才、青年科技人才；既指站在行业科技前沿、具有国

① 《习近平谈治国理政》第 2 卷，外文出版社 2017 年版，第 276 页。

际视野和能力的科技领军人才、拔尖人才、高技能人才，又指数以万计的知识型、技术型、创新型劳动者大军；既包括个人层面的首席科学家、战略科学家、世界级科技大师、风险投资企业家，也包括群体层面的高水平创新团队。习近平指出，要“培养造就一大批具有国际水平的战略科技人才、科技领军人才、青年科技人才和高水平创新团队。”① 还要“努力培养数以亿计的高素质劳动者和技术技能人才”。②“在大力培养国内创新人才的同时，更加积极主动地引进国外人才特别是高层次人才”。③“以识才的慧眼、爱才的诚意、用才的胆识、容才的雅量、聚才的良方，把党内和党外、国内和国外各方面优秀人才集聚到党和人民的伟大奋斗中来”。④

（二）人才是第一资源

为实施创新驱动发展战略，建设世界科技强国，人才资源是第一资源，是一个国家最宝贵最重要的资源。习近平在庆祝改革

---

① 习近平：《决胜全面建成小康社会 夺取新时代中国特色社会主义伟大胜利——在中国共产党第十九次全国代表大会上的报告》，人民出版社2017年版，第31—32页。

② 《习近平关于科技创新论述摘编》，中央文献出版社2016年版，第119页。

③ 《习近平关于科技创新论述摘编》，中央文献出版社2016年版，第115页。

④ 习近平：《决胜全面建成小康社会 夺取新时代中国特色社会主义伟大胜利——在中国共产党第十九次全国代表大会上的报告》，人民出版社2017年版，第65页。

开放40周年的大会上再次强调要坚持“人才是第一资源的理念”①。建设世界科技强国，创新是第一资源，人才则是创新的根基，是创新的核心要素。实施创新驱动发展战略，创新驱动实质上是人才驱动。“推进自主创新，人才是关键。没有强大人才队伍作后盾，自主创新就是无源之水、无本之木。”② 在各种人才中，科技人才至关重要，尤其在当今世界新一轮科技革命和产业革命正在孕育兴起的历史时期，科技创新人才是我国创新事业的根本支撑，是未来国家间竞争的核心资源。习近平指出，“综合国力竞争归根到底是人才竞争。哪个国家拥有人才上的优势，哪个国家最后就会拥有实力上的优势”。③ “全部科技史都证明，谁拥有了一流创新人才、拥有了一流科学家，谁就能在科技创新中占据优势。”④ 在世界综合国力竞争中，拥有高素质的科学技术人才数量已成为衡量一个国家科技实力、经济实力、综合国力的重要指标和依据。

---

① 习近平：《在庆祝改革开放40周年大会上的讲话》，《人民日报》2018年12月19日。

② 《习近平关于科技创新论述摘编》，中央文献出版社2016年版，第107页。

③ 《习近平关于科技创新论述摘编》，中央文献出版社2016年版，第107页。

④ 习近平：《在中国科学院第十九次院士大会、中国工程院第十四次院士大会上的讲话》，人民出版社2018年版，第18—19页。

（三）牢牢把握集聚人才大举措

我国要在科技创新方面走在世界前列，需要牢牢把握集聚人才大举措，这是走创新之路的首要任务。要“牢固确立人才引领发展的战略地位，全面聚集人才，着力夯实创新发展人才基础”①。集聚创新人才要用好人才、吸引人才和培养人才。习近平指出：“为了加快形成一支规模宏大、富有创新精神、敢于承担风险的创新型人才队伍，要重点在用好、吸引、培养上下功夫。”② 各级党委和政府要积极探索集聚人才、发挥人才作用的体制机制；“要实行更加开放的人才政策，不唯地域引进人才，不求所有开发人才，不拘一格用好人才”。③“要树立强烈的人才意识，寻觅人才求贤若渴，发现人才如获至宝，举荐人才不拘一格，使用人才各尽其能”。④ 要完善外国人才引进体制机制，让有志于来华发展的外国人才来得了、待得住、用得好、留得住。要创造人尽其才的政策环境。科研院所和研究型大学是我国科技发展的主要基础所在，也是科技创新人才的摇篮，需要率先建设

---

① 习近平：《在中国科学院第十九次院士大会、中国工程院第十四次院士大会上的讲话》，人民出版社 2018 年版，第 18 页。

② 《习近平关于科技创新论述摘编》，中央文献出版社 2016 年版，第 119—120 页。

③ 《习近平关于科技创新论述摘编》，中央文献出版社 2016 年版，第 115 页。

④ 《习近平谈治国理政》，外文出版社 2014 年版，第 419—420 页。

在国际科技领域具有重要影响力、吸引力、竞争力的一流科研机构和研究型大学。要注重培养青少年的创新意识和能力。

（四）营造优良的人才环境

推进自主创新，人才是关键。要广纳人才，开发利用好国际国内人才资源。“创新之道，唯在得人。得人之要，必广其途以储之”①。要营造良好的创新环境，形成有利于人才成长的培养机制、有利于人尽其才的使用机制、有利于人才竞相成长的各展其能的激励机制、有利于各类人才脱颖而出的竞争机制。要放手使用人才，在全社会营造鼓励大胆创新、勇于创新、包容创新的良好氛围。习近平对于科技人才的培养方针、发展机制及保障制度等作了深刻的阐释。习近平指出，要“完善好人才评价指挥棒作用，为人才发挥作用、施展才华提供更加广阔的天地”②。在科技创新人才的使用和管理上，要遵循人才成长规律，着力破除束缚人才发展的思想观念，在全社会大兴识才、爱才、敬才、用才之风，“为科技人才发展提供良好环境，在创新实践中发现人才、在创新活动中培育人才、在创新事业中凝聚人才，聚天下英才而用之，让更多千里马竞相奔腾。”③ 要深化教育改革，推

---

① 习近平：《在中国科学院第十九次院士大会、中国工程院第十四次院士大会上的讲话》，人民出版社 2018 年版，第 19—20 页。

② 《习近平谈治国理政》，外文出版社 2014 年版，第 128 页。

③ 《习近平谈治国理政》第 2 卷，外文出版社 2017 年版，第 275 页。

进素质教育，创新教育方法，形成有利于创新人才成长的育人环境。“努力形成人人渴望成才、人人努力成才、人人皆可成才、人人尽展其才的良好局面”。①

三、科学技术发展观

（一）坚持党对科技事业的领导

中国共产党的领导，是中国特色社会主义最本质的特征，是中国特色社会主义制度的最大优势。党的十八大以来，在以习近平同志为核心的党中央坚强领导下，在全国科技界和社会各界共同努力下，我国科技事业发生了历史性变革、取得了历史性成就。坚持党的全面领导是决定党和国家前途命运的重大原则问题。科技事业是加快建设社会主义现代化强国的重要保障，中国共产党领导是中国特色科技创新事业不断前进的根本政治保证。历史经验反复证明，办好中国的事情，关键在人，关键在党。我们党历来有高度重视科技事业的优良传统，中国共产党人领导我国科技事业在长期的社会历史实践中探索出一条中国特色科技创新发展道路。在中国科学院第十九次院士大会、中国工程院第十四次院士大会上，习近平发表重要讲话，对坚持和加强党对科技事业的领导提出了明确要求，为我们坚持走中国特色自主创新道

---

① 《习近平谈治国理政》第2卷，外文出版社2017年版，第41页。

路、建设世界科技强国指明了前进方向。习近平指出，“我们坚持党对科技事业的领导，健全党对科技工作的领导体制，发挥党的领导政治优势，深化对创新发展规律、科技管理规律、人才成长规律的认识，抓重大、抓尖端、抓基础，为我国科技事业发展提供了坚强政治保证。”①

我国科技事业实现历史性、整体性、格局性重大变化，最根本的就在于以习近平同志为核心的党中央的坚强领导，在于习近平新时代中国特色社会主义思想的科学指引。要构造强大的科技实力和创新能力，就必须坚持和加强党对科技事业的领导，健全党对科技工作的领导体制，发挥党的领导政治优势。坚持和加强党对科技事业的领导，必须全面贯彻落实党中央对科技事业发展的决策部署。

（二）深刻剖析和准确阐释新一轮科技革命产业变革的特点与社会影响

习近平密切关注和深刻分析了当代科学技术发展的革命性突破，深刻剖析和准确阐释新一轮科技革命产业变革的特点与社会影响。从 2013 年到 2018 年，习近平多次提及“新一轮科技革命”或“新科技革命”。2013 年 11 月 3—5 日，习近平在湖南考察时的讲话中指出，“新一轮科技革命和产业革命正在孕育兴

① 习近平：《在中国科学院第十九次院士大会、中国工程院第十四次院士大会上的讲话》，人民出版社 2018 年版，第 2 页。

起，企业要抓住机遇，不断推进科技创新、管理创新、产品创新、市场创新、品牌创新”①。2016 年 5 月 30 日，习近平参加全国科技创新大会、中国科学院第十八次院士大会和中国工程院第十三次院士大会、中国科学技术协会第九次全国代表大会时强调，当今世界科技革命和产业变革方兴未艾，我们要增强使命感，把创新作为最大政策，奋起直追、迎头赶上。2017 年 1 月 18 日，习近平在联合国日内瓦总部的演讲中又提道：“要抓住新一轮科技革命和产业变革的历史性机遇，转变经济发展方式，坚持创新驱动，进一步发展社会生产力、释放社会创造力。”② 2018 年 5 月 28 日习近平在中国科学院第十九次院士大会、中国工程院第十四次院士大会上提出，“进入 21 世纪以来，全球科技创新进入空前密集活跃的时期，新一轮科技革命和产业变革正在重构全球创新版图、重塑全球经济结构”③，并对这场新科技产业变革的内容和特点发表了一系列重要论述。

习近平以全球视野和时代眼光审视世界科技创新状况，深刻阐释了全球科技创新呈现出的新的发展态势和特征。第一，新科技革命和产业变革正在孕育兴起，一些重要科学问题和关键核心

① 《习近平关于科技创新论述摘编》，中央文献出版社 2016 年版，第 93 页。
② 《习近平谈治国理政》第 2 卷，外文出版社 2017 年版，第 542 页。
③ 习近平：《在中国科学院第十九次院士大会、中国工程院第十四次院士大会上的讲话》，人民出版社 2018 年版，第 6 页。

技术已经呈现出革命性突破的先兆，重大颠覆性技术不断涌现。第二，学科之间交叉融合是新科技革命的另一个重要特征，也是新科技革命呈现革命性突破的原因。“物质构造、意识本质、宇宙演化等基础科学领域取得重大进展，信息、生物、能源、材料和海洋、空间等应用科学领域不断发展，带动了关键技术交叉融合、群体跃进，变革突破的能量正在不断积累。”① 第三，科学经技术向产业的成果转化的速度加快，科技创新链条更加灵巧，技术更新和成果转化更加快捷，“当今全球科技革命发展的主要特征是从‘科学’到‘技术’转化，基本要求是重大基础研究成果产业化。”②“当前，新一轮科技和产业革命蓄势待发，其主要特点是重大颠覆性技术不断涌现，科技成果转化速度加快。”③ 第四，新科技革命的兴起动因是人类社会的生产、生活需要。习近平指出：“人们对生产生活便捷化的要求，带动了云计算、物联网、移动互联网、大数据等新一代信息技术不断涌现和突破。气候变化对人类带来的生存压力和人们对环境质量的要求，推动煤炭清洁燃烧、太阳能电池、风电、储能技术、智能电网、电动汽车等新能源技术不断取得重大进展。人口老龄化趋势，形成了

① 《习近平关于科技创新论述摘编》，中央文献出版社 2016 年版，第 78 页。
② 《习近平关于科技创新论述摘编》，中央文献出版社 2016 年版，第 100 页。
③ 《习近平谈治国理政》第 2 卷，外文出版社 2017 年版，第 203 页。

对生物技术进步的巨大需求，促使产业化规模快速扩大。发达国家劳动力成本全面上升，促进了智能制造技术迅速发展，使机器人在越来越多领域替代人力。”① 第五，新科技革命产业变革深刻地改变着世界的政治、经济、文化和社会生活。习近平密切关注和高度重视新科技革命的多方面的带有颠覆性的社会影响。“当前，科技创新的重大突破和加快应用极有可能重塑全球经济结构，使产业和经济竞争的赛场发生转换。”② 人工智能是引领新一轮科技革命和产业变革的重要驱动力，正深刻改变着人们的生产、生活、学习方式。

为了更好顺应新科技革命产业变革，首先要看清世界科技发展大势，牢牢把握科技进步大方向，抓紧制定新的科技发展战略，抢占科技和产业制高点。我们必须高度重视、密切跟踪、迎头赶上。“抓住新一轮科技革命和产业变革的重大机遇，就是要在新赛场建设之初就加入其中，甚至主导一些赛场建设，从而使我们成为新的竞赛规则的重要制定者、新的竞赛场地的重要主导者。”③ “要培育发展新产业，加快技术、产品、业态等创新，支持节能环保、新一代信息技术、高端装备制造等产业成长。按照

① 《习近平关于科技创新论述摘编》，中央文献出版社 2016 年版，第 100 页。

② 《习近平谈治国理政》，外文出版社 2014 年版，第 123 页。

③ 《习近平谈治国理政》，外文出版社 2014 年版，第 123 页。

高端化、智能化、绿色化、服务化的方向，实施好《中国制造2025》、'互联网+'行动计划，积极发展健康、教育、养老、旅游等服务业。"①

（三）大力发展与民生相关的科学技术

为中国人民谋幸福，为中华民族谋复兴，是中国共产党人的初心和使命，也是改革开放的初心和使命。造福人民，全心全意为人民服务是中国共产党的根本宗旨。党的十八大以来，以习近平同志为核心的党中央坚持以人民为中心的发展理念，始终坚持把实现好、维护好、发展好最广大人民根本利益作为发展的根本目的，把人民对美好生活的向往作为奋斗目标，始终把坚持人民主体地位作为一切工作所遵循的首要原则。建设世界科技强国，应以人民为实践主体，满足人民的现实需要，维护人民的根本利益。科学技术与人民生活水平和质量息息相关，要使科技成果更充分地惠及人民群众。党领导的科技事业的发展必须坚持以人民为中心，不断实现人民对美好生活的向往。习近平始终坚持科学技术发展以人民为中心的立场，强调要通过大力发展与民生相关的科学技术，着力解决人民群众所需所急所盼，让人民共享经济、政治、文化、社会、生态等各方面发展成果，有更多、更直接、更实在的获得感、幸福感、安全感，不断促进人的全面发

---

① 《习近平关于科技创新论述摘编》，中央文献出版社 2016 年版，第 104 页。

展、全体人民共同富裕。习近平指出，人民的需要和呼唤是科技创新的时代声音，“中国要强，中国人民生活要好，必须有强大科技”①。“工程科技与人类生存息息相关。……工程造福人类，科技创造未来。”② 科技成果只有同国家需要、人民要求、市场需求相结合，才能真正实现创新价值、实现创新驱动发展。“科学研究既要追求知识和真理，也要服务于经济社会发展和广大人民群众。广大科技工作者要把论文写在祖国的大地上，把科技成果应用在实现现代化的伟大事业中。”③ 要把科技创新与提高人民生活质量和水平结合起来，在防灾减灾、公共安全、生命健康等关系民生的重大科技问题上加强公关，使科技成果更充分地惠及人民群众。

（四）推动绿色科技创新，促进绿色发展

以习近平同志为核心的党中央领导集体在治国理政的实践中，形成了习近平生态文明思想。这一思想顺应了时代主流，彰显了发展主题，坚持了习近平尊重自然、保护自然的一贯主张，坚持了人民主体地位，贯穿着制度建设主线，抓住了当今世界现代化的主脉，坚守着美丽中国主旨。

---

① 《习近平谈治国理政》第 2 卷，外文出版社 2017 年版，第 267 页。

② 习近平：《让工程科技造福人类、创造未来》，《人民日报》2014 年 6 月 4 日。

③ 《习近平谈治国理政》第 2 卷，外文出版社 2017 年版，第 270 页。

生态文明建设是“五位一体”总体布局和“四个全面”战略布局的重要内容，它功在当代、利在千秋，是中华民族永续发展的千年大计。习近平高度重视绿色发展问题。绿色发展与生态文明建设是一致的，目的都是要实现人与自然、经济、社会、生态的和谐。绿色发展和生态文明建设需要绿色科学技术作为推动其前进的动力。习近平高度重视绿色科技创新对促进绿色发展的作用。

我国过去以高投入、高能耗、高污染的粗放型发展方式，导致了自然资源过度消耗，生态环境严重破坏，经济发展与环境保护之间矛盾突出。加强生态文明建设，建设“美丽中国”，破解“新常态”下经济社会发展与生态环境矛盾的难题，就需要走一条依靠科技创新推进绿色发展的道路。习近平指出：“发展科学技术是人类应对全球挑战、实现可持续发展的战略选择。这一切，对工程科技进步和创新提出了新的使命。”① 绿色发展是生态文明建设的必然要求，代表了当今科技和产业变革方向，“绿色科技成为科技为社会服务的基本方向，是人类建设美丽地球的重要手段。”② 绿色科技创新是一种旨在实现人与自然和谐发展

① 习近平：《让工程科技造福人类、创造未来》，《人民日报》2014 年 6 月 4 日。

② 习近平：《让工程科技造福人类、创造未来》，《人民日报》2014 年 6 月 4 日。

的科技创新模式是符合可持续发展需要的科技创新。绿色科技创新可以不断解决人类面临的资源和能源日益短缺的问题，能够更好地保护生态环境，能够让人民生活在天更蓝、山更绿、水更清的优美环境之中。依靠绿色科技创新促进绿色发展，要“构建市场导向的绿色技术创新体系”①，“壮大节能环保产业、清洁生产产业、清洁能源产业”②，只有依靠绿色科技创新，才能破解绿色发展难题，实现绿色生产和生活方式，才能实现人与自然和谐发展。

（五）发展国防科技，树立科技是核心战斗力的思想

中国特色社会主义现代化建设需要强大的军事国防实力作保障。当前，新一轮的科技革命正在孕育兴起，必将对军事领域产生根本性影响，推进世界性军事革命深入发展。习近平指出，筹划和指导战争，必须高度关注科学技术对战争的影响。科学技术是军事发展中最活跃、最具革命性的因素，每一次重大科技进步和创新都会引起战争形态和作战方式的深刻变革。

当今世界，新一轮科技革命和产业变革正在孕育兴起，世界

---

① 习近平:《决胜全面建成小康社会 夺取新时代中国特色社会主义伟大胜利——在中国共产党第十九次全国代表大会上的报告》，人民出版社2017年版，第51页。

② 习近平:《决胜全面建成小康社会 夺取新时代中国特色社会主义伟大胜利——在中国共产党第十九次全国代表大会上的报告》，人民出版社2017年版，第51页。

新军事革命加速推进，创新驱动成为许多国家和军队谋求竞争优势的核心战略。习近平高度重视科技创新对于实现中国特色强军梦的重要意义。习近平提出，靠改革创新推动国防和军队建设实现新跨越，是决定我军前途命运的一个关键，必须全面实施创新驱动发展战略。

在全军装备工作会议上，习近平指出，国防科技和武器装备要坚持创新驱动发展。现在，主要国家高度重视推进高投入、高风险、高回报的前沿科技创新，大力发展能够大幅提升军事能力优势的颠覆性技术。科技创新，正在成为中国军队问鼎世界一流军队的重要战略选择。坚持向科技创新要战斗力，下更大气力推动科技兴军。要全面实施科技兴军战略，坚持自主创新的战略基点，瞄准世界军事科技前沿，加强前瞻谋划设计，加快战略性、前沿性、颠覆性技术发展，不断提高科技创新对人民军队建设和战斗力发展的贡献率。

习近平非常重视科技对现代战争的影响，“科学技术对战争形态和作战方式影响日益深刻，没有较高的科技素质和军事技能，连武器装备也操作不了，更别说能打仗、打胜仗了。”① 因此，实现强军梦，既要树立人是战争的核心要素的观念，也要树立科学技术是核心战斗力的思想。坚定走中国特色的强军之路，

---

① 《习近平关于科技创新论述摘编》，中央文献出版社 2016 年版，第 114 页。

实现中国梦强军梦，必须“树立科技是核心战斗力的思想，推进重大技术创新、自主创新，加强军事人才培养体系建设，建设创新型人民军队”①。

对于科技兴军，习近平不仅强调新科技的军事应用，也重视广大官兵学习和掌握科技，提高科技素养。他提出要加快军事智能化发展，提高基于网络信息体系的联合作战能力、全域作战能力。在古田全军政治工作会议上习近平明确要求，政治干部要努力学军事、学指挥、学科技，这是着眼于新军事革命迅猛发展、战争形态加速演进、作战形式不断创新对政治干部提出的新要求。学习科技是打胜仗的必然要求，特别是要打赢信息化战争，必须要教育和组织官兵学习军事专业知识、掌握武器装备，提高战术技术水平；要学习先进的科学技术，重点是要学习先进的军事科学和军事技术，特别是要学习军用高技术。要“坚持富国和强军相统一……深化国防科技工业改革，形成军民融合深度发展格局”②。

采取军民合作的方式进行高新技术的开发是军事技术创新的有效途径。同时，在军民融合的基础上可以更好地提升军工系统

---

① 习近平：《决胜全面建成小康社会 夺取新时代中国特色社会主义伟大胜利——在中国共产党第十九次全国代表大会上的报告》，人民出版社2017年版，第54页。

② 习近平：《决胜全面建成小康社会 夺取新时代中国特色社会主义伟大胜利——在中国共产党第十九次全国代表大会上的报告》，人民出版社2017年版，第54页。

研发的资源利用效率。“要坚定不移走军民融合式创新之路，在更广范围、更高层次、更深程度上把军事创新体系纳入国家创新体系之中，实现两个体系相互兼容同步发展，使军事创新得到强力支持和持续推动。”① 因此，构筑军民深度融合的国防科技发展格局具有重要的意义。

中国马克思主义科学技术观的三个历史阶段是其各自所处的历史条件所决定的，是对时代背景实事求是的反映，因此他们的科学技术思想都镌刻了时代的烙印，反映了时代的需求。从毛泽东思想中的科学技术观，邓小平理论、“三个代表”重要思想和科学发展观中的科学技术观，到习近平新时代中国特色社会主义科学技术观的历史演进，反映了现当代中国人民从“站起来”到“富起来”再到“强起来”的革命、建设和改革的历史进程。

中华人民共和国成立之初，工农业停留在自然经济水平，科学技术远远落后于资本主义发达国家，这种社会经济背景为毛泽东思想中的科学技术观的形成提供了客观依据。

20 世纪 80 年代，我国科学技术工作面临着国内改革开放、国外参与竞争的双重压力，正是在这样的一个关键时刻，邓小平理论中的科学技术观应运而生。世纪之交，科学技术飞速发展、知识经济初见端倪，我国经济与社会的发展，为江泽民“三个

---

① 习近平：《准确把握世界军事发展新趋势　与时俱进大力推进军事创新》，《人民日报》2014 年 8 月 31 日。

代表”重要思想中的科学技术观形成与发展奠定了坚实基础。21世纪，经济发展与科学技术竞争全球化，胡锦涛提出，提升自主创新能力、建设创新型国家，形成了科学发展观中的科学技术观。

习近平新时代中国特色社会主义思想中的科学技术观，是在中国特色社会主义进入新时代的历史条件下形成的。新时代之“新”，一是在于我们进入了一个新的发展阶段，发展环境、发展条件都发生了新的变化，目标任务也发生了新的变化；二是在于我们面临着新的社会主要矛盾；三是我们迈向新的奋斗目标。[①] 正是基于这一新时代的“新”特征时代背景，习近平立足于我国科学技术与社会发展的现实需要，提出了一系列关于科学技术发展的理论观点，形成了习近平新时代中国特色社会主义思想中的科学技术观。

中国马克思主义科学技术观是在中国共产党领导我国科学技术事业发展和进行社会主义现代化建设的伟大实践中，逐渐形成、发展和完善的。中国马克思主义科学技术观是马克思主义科学技术论的重要组成部分。中国马克思主义科学技术观的内涵丰富，涉及科学技术的创新、人才和发展等三方面重大问题，是伴随着新时代中国特色社会主义科学技术事业的实践活动而不断创

① 参见中共中央宣传部：《习近平新时代中国特色社会主义思想三十讲》，学习出版社2018年版，第2页。

新发展的思想理论体系。

中国马克思主义科学技术观，构成了自然辩证法中国化发展的最新理论体系和研究内容，将与时俱进，随着时代和科技的进步不断丰富发展。

思考题：

1. 试分析中国马克思主义科学技术观对经典马克思主义科技观的继承与发展。
2. 试分析中国马克思主义三个历史阶段的科学技术观的继承与发展关系。
3. 如何理解习近平新时代中国特色社会主义思想中的科学技术观的时代意义？

重点阅读文献：

1. 《习近平谈治国理政》第 2 卷，外文出版社 2017 年版。
2. 习近平：《让工程科技造福人类、创造未来》，《人民日报》2014 年 6 月 4 日。
3. 《习近平关于科技创新论述摘编》，中央文献出版社 2016 年版。

4. 习近平：《为建设世界科技强国而奋斗——在全国科技创新大会、两院院士大会、中国科协第九次全国代表大会上的讲话》，人民出版社 2016 年版。

5. 习近平：《在中国科学院第十九次院士大会、中国工程院第十四次院士大会上的讲话》，人民出版社 2018 年版。

结 束 语

自然辩证法是马克思主义理论的重要组成部分，是各门具体科学技术研究自觉接受马克思主义理论指导的重要平台，是各门具体科学技术实践通向马克思主义的重要桥梁，是各位具体科学技术工作者树立马克思主义世界观和科学发展观的重要通道。

自然辩证法是一种马克思主义的理论思维方法。自然辩证法在总结、概括各门科学技术研究领域成果的基础上，立足于马克思主义世界观的高度，为各门科学技术的理论和实践提供马克思主义的自然观、科学技术观、科学技术方法论和科学技术社会论的普遍指导，是马克思主义科学技术本体论、认识论和方法论与具体科学技术研究的有机融合。自然辩证法的综合性、交叉性和反思性的理论思维方法，在具体科学技术研究中促进了创造性思维能力的培育和形成。

自然辩证法是开放的理论体系，不是僵化的理论教条，随着科学技术与社会生活实践的发展而与时俱进。在中国特色社会主义进入新时代的历史条件下，面对新的发展阶段、新的社会主要矛盾和新的奋斗目标，自然辩证法充分认识到当代科学技术革命对世界图景的突破和人类思维的塑造，充分认识到现代科学技术发展为马克思主义提出的新问题、新思路和新挑战，以辩证唯物主义的立场和方式进行积极的回应。自然辩证法倡导科学理性和科学精神，积极迎接和深度介入新科学、新技术的突破性进展，探索现代科学技术发展的一般性规律和普遍性方法，批判科学技术异化，审视科学技术伦理，投身生态文明建设，从世界观和方法论上指引和规范现代科学技术的研究。

自然辩证法并不代替各门具体科学技术的理论和实践研究，而是对具体实践和行动的一般指南。中国马克思主义科学技术观是对当代科学技术及其在中国具体科学技术实践的概括和总结。习近平新时代中国特色社会主义思想中的科学技术观，坚定实施创新驱动发展战略，强化创新第一动力的地位和作用，突出以科技创新引领全面创新，为中国建设创新型国家和建设成为世界科技强国，为实现“两个一百年”奋斗目标、实现中华民族伟大复兴的中国梦，提供了重要理论思维方法的指导。

自然辩证法需要学习掌握和研究发展，更要在具体科学技术实践中正确运用，走向自觉的自然辩证法。

参 考 书 目

1. 马克思：《1844 年经济学哲学手稿》，人民出版社 2000 年版。

2. 马克思：《机器。自然力和科学的应用》，人民出版社 1978 年版。

3. 恩格斯：《自然辩证法》，人民出版社 2015 年版。

4. 恩格斯：《反杜林论》，人民出版社 1993 年版。

5. 《列宁全集》第 55 卷，人民出版社 1990 年版。

6. 《马克思恩格斯文集》第 1 卷，人民出版社 2009 年版。

7. 《马克思恩格斯文集》第 2 卷，人民出版社 2009 年版。

8. 《马克思恩格斯文集》第 3 卷，人民出版社 2009 年版。

9. 《马克思恩格斯文集》第 4 卷，人民出版社 2009 年版。

10. 《马克思恩格斯文集》第 5 卷，人民出版社 2009 年版。

11. 《马克思恩格斯文集》第 7 卷，人民出版社 2009 年版。

12. 《马克思恩格斯文集》第 8 卷，人民出版社 2009 年版。

13. 《马克思恩格斯文集》第 9 卷，人民出版社 2009 年版。

14. 《马克思恩格斯文集》第 10 卷，人民出版社 2009 年版。

15. 《马克思恩格斯列宁论技术革命》，人民出版社 1958 年版。

16.《毛泽东文集》第1卷，人民出版社1993年版。

17.《毛泽东文集》第5卷，人民出版社1996年版。

18.《毛泽东文集》第6卷，人民出版社1999年版。

19.《毛泽东文集》第7卷，人民出版社1999年版。

20.《毛泽东文集》第8卷，人民出版社1999年版。

21.《建国以来毛泽东文稿》，中央文献出版社1998年版。

22.《邓小平文选》第2卷，人民出版社1994年版。

23.《邓小平文选》第3卷，人民出版社1993年版。

24.《江泽民文选》第1卷，人民出版社2006年版。

25.《江泽民文选》第3卷，人民出版社2006年版。

26. 江泽民:《论科学技术》，中央文献出版社2001年版。

27. 胡锦涛:《在中国科学院第十五次院士大会、中国工程院第十次院士大会上的讲话》，人民出版社2010年版。

28. 胡锦涛:《坚持走中国特色自主创新道路　为建设创新型国家而努力奋斗》，人民出版社2006年版。

29.《十三大以来重要文献选编》（中），人民出版社1991年版。

30.《十六大以来重要文献选编》（中），中央文献出版社2006年版。

31.《十六大以来重要文献选编》（下），中央文献出版社2008年版。

32.《习近平谈治国理政》，外文出版社 2014 年版。

33.《习近平谈治国理政》第 2 卷，外文出版社 2017 年版。

34.《党的十九大报告辅导读本》，人民出版社 2017 年版。

35.《习近平关于社会主义经济建设》，中央文献出版社 2017 年版。

36.《习近平关于科技创新论述摘编》，中央文献出版社 2016 年版。

37.《习近平关于全面深化改革论述摘编》，中央文献出版社 2014 年版。

38.《党的群众路线教育实践活动学习文件选编》，党建读物出版社 2013 年版。

39. 习近平：《决胜全面建成小康社会，夺取新时代中国特色社会主义伟大胜利——在中国共产党第十九次全国代表大会上的报告》，人民出版社 2017 年版。

40.《中国共产党第十八次全国代表大会文件汇编》，人民出版社 2012 年版。

41. 习近平：《为建设世界科技强国而奋斗——在全国科技创新大会、两院院士大会、中国科协第九次全国代表大会上的讲话》，人民出版社 2016 年版。

42. 习近平：《在哲学社会科学工作座谈会上的讲话》，《人民日报》2016 年 5 月 19 日。

43. 习近平：《在党的十八届五中全会第二次全体会议上的讲话（节选）》（2015 年 10 月 29 日），《求是》2016 年第 1 期。

44. 习近平：《让工程科技造福人类、创造未来》，《人民日报》2014 年 6 月 4 日。

45. 《增强自主创新能力　建设创新型国家》，人民出版社 2006 年版。

46. 《国家中长期科学和技术发展规划纲要（2006—2020 年）》，人民出版社 2010 年版。

47. 国家教委社会科学研究与艺术教育司组编：《自然辩证法概论》，高等教育出版社 1991 年版。

48. 中国科学院自然科学史所编辑组编：《马克思、恩格斯、列宁、斯大林论科学技术》，人民出版社 1979 年版。

49. 教育部社会科学研究与思想政治工作司组编：《自然辩证法概论》，高等教育出版社 2004 年版。

50. 自然辩证法讲义编写组编：《自然辩证法讲义》，人民教育出版社 1979 年版。

51. 肖前主编：《马克思主义哲学原理》，中国人民大学出版社 1994 年版。

52. 于光远、孙小礼等主编：《马克思、恩格斯、列宁论自然辩证法与科学技术》，科学出版社 1988 年版。

53. 黄顺基等主编：《自然辩证法发展史》，中国人民大学出版社 1988 年版。

54. 贝尔纳：《历史上的科学》，伍况甫译，科学出版社 1980 年版。

55. 贝弗里奇：《科学研究的艺术》，陈捷译，科学出版社 1979 年版。

56. 波普尔：《猜想与反驳》，傅季重等译，上海译文出版社 1986 年版。

57. 布里奇斯托克等：《科学技术与社会导论》，刘立等译，清华大学出版社 2005 年版。

58. 查尔默斯：《科学究竟是什么》，鲁旭东译，商务印书馆 2007 年版。

59. 丹尼尔·李·克莱曼：《科学技术在社会中——从生物技术到互联网》，张敦敏译，商务印书馆 2009 年版。

60. 赫伯特·马尔库塞：《单向度的人：发达工业社会意识形态研究》，刘继译，上海译文出版社 2006 年版。

61. 库恩：《科学革命的结构》，李宝恒、纪树立译，上海科学技术出版社 1980 年版。

62. 科学、工程与公共政策委员会：《怎样当一名科学家：科学研究中的负责行为》，刘华杰译，北京理工大学出版社 2004 年版。

63. 劳斯：《知识与权力——走向科学的政治哲学》，盛晓明等译，北京大学出版社 2004 年版。

64. 普里戈金：《从存在到演化：自然科学中的时间及复杂性》，曾庆宏等译，上海科学技术出版社 1986 年版。

65. 司托克斯：《基础科学与技术创新：巴斯德象限》，周春彦等译，科学出版社 1999 年版。

66. 童天湘、林夏水主编：《新自然观》，中共中央党校出版社 1998 年版。

67. 王梓坤：《科学发现纵横谈》，上海人民出版社 1978 年版。

68. 希拉·贾撒诺夫等编：《科学技术论手册》，盛晓明等译，北京理工大学出版社 2004 年版。

69. 殷登祥：《科学、技术与社会概论》，广东教育出版社 2007 年版。

70. 尤尔根·哈贝马斯：《作为“意识形态”的技术与科学》，李黎、郭官义译，学林出版社 2000 年版。

71. 赵敦华：《西方哲学简史》，北京大学出版社 2001 年版。

72. 詹姆斯·奥康纳、杰拉尔德·马克尔、詹姆斯·彼德森、特雷弗·平奇：《自然的理由：生态学马克思主义研究》，唐正东、臧佩洪译，南京大学出版社 2003 年版。

后　记

硕士研究生思想政治理论课选修课教学大纲《自然辩证法概论》是马克思主义理论研究和建设工程重点教材，由教育部组织编写。在编写过程中，得到了有关部门和有关专家的帮助和支持。同时，广泛听取了高校思想政治理论课教师和大学生的意见和建议。

本教学大纲于 2012 年出版，由首席专家郭贵春主持编写。陈凡、吴彤、张明国、肖显静、殷杰参加了本教学大纲的撰写和修改工作。刘大椿、曾国屏、吕乃基、陈其荣等多次参加审议并提出重要修改意见。

自 2012 年出版以来，本教学大纲在全国各高校得到广泛使用。为了推动党的十八大精神进教材、进课堂、进学生头脑，体现教学大纲出版以来中国特色社会主义理论和实践的创新成果，体现马克思主义中国化研究的新进展，教育部组织课题组在广泛调研的基础上，于 2013 年对教学大纲进行了修订。郭贵春主持了修订工作，陈凡、吴彤、张明国、肖显静、殷杰参加了具体修订工作。刘大椿、瞿振元、曾国屏、刘孝廷、颜峰参加了修订稿的审议并提出修改意见。

2018 年，为推动习近平新时代中国特色社会主义思想进教材、进课堂、进头脑，深入贯彻落实党的十九大和十九届二中、三中全会精神，教育部组织对教学大纲进行全面修订，经国家教材委员会高校哲学社会科学（马工程）专家委员会审查通过。殷杰主持了修订工作，陈凡、吴彤、张明国、肖显静、陈红兵参加了具体的修改工作。

2018 年 5 月

为收集对教材的意见建议，进一步完善教材编写和做好服务工作，读者可将对本教材的意见建议通过如下渠道反馈至我社。

咨询电话　400-810-0598

读者服务邮箱　gjdzfwb@pub.hep.cn

通信地址　北京市朝阳区惠新东街4号富盛大厦1座

　　　　　高等教育出版社总编辑办公室

邮政编码　100029